图书在版编目（CIP）数据

建设工程施工机械台班费用编制规则 ：增值税版 / 住房和城乡建设部标准定额研究所主编. -- 北京 ：中国计划出版社，2016.9
ISBN 978-7-5182-0479-3

Ⅰ. ①建… Ⅱ. ①住… Ⅲ. ①建筑机械－费用－工时定额－编制－规则－中国 Ⅳ. ①TU723.34-65

中国版本图书馆CIP数据核字(2016)第193963号

建设工程施工机械台班费用编制规则（增值税版）
住房和城乡建设部标准定额研究所　主编

中国计划出版社出版
网址：www.jhpress.com
地址：北京市西城区木樨地北里甲11号国宏大厦C座3层
邮政编码：100038　电话：(010)63906433（发行部）
新华书店北京发行所发行
三河富华印刷包装有限公司印刷

880mm×1230mm　1/16　9印张　291千字
2016年9月第1版　2016年9月第1次印刷
印数 1—3000册

ISBN 978-7-5182-0479-3
定价：50.00元

中华人民共和国住房和城乡建设部

建设工程施工机械台班费用编制规则

（增值税版）

中国计划出版社

2016 北 京

主编部门: 中华人民共和国住房和城乡建设部

批准部门: 中华人民共和国住房和城乡建设部

施行日期: 2 0 1 5 年 9 月 1 日

住房城乡建设部关于印发《房屋建筑与装饰工程消耗量定额》、《通用安装工程消耗量定额》、《市政工程消耗量定额》、《建设工程施工机械台班费用编制规则》、《建设工程施工仪器仪表台班费用编制规则》的通知

建标〔2015〕34 号

各省、自治区住房城乡建设厅，直辖市建委，国务院有关部门：

为贯彻落实《住房城乡建设部关于进一步推进工程造价管理改革的指导意见》（建标〔2014〕142 号），我部组织修订了《房屋建筑与装饰工程消耗量定额》（编号为 TY 01—31—2015）、《通用安装工程消耗量定额》（编号为 TY 02—31—2015）、《市政工程消耗量定额》（编号为 ZYA 1—31—2015）、《建设工程施工机械台班费用编制规则》以及《建设工程施工仪器仪表台班费用编制规则》，现印发给你们，自 2015 年 9 月 1 日起施行。执行中遇到的问题和有关建议请及时反馈我部标准定额司。

我部 1995 年发布的《全国统一建筑工程基础定额》，2002 年发布的《全国统一建筑装饰工程消耗量定额》，2000 年发布的《全国统一安装工程预算定额》，1999 年发布的《全国统一市政工程预算定额》，2001 年发布的《全国统一施工机械台班费用编制规则》，1999 年发布的《全国统一安装工程施工仪器仪表台班费用定额》同时废止。

以上定额及规则由我部标准定额研究所组织中国计划出版社出版发行。

中华人民共和国住房和城乡建设部

2015 年 3 月 4 日

目　　次

附录 B　施工机械台班参考单价

1 总　　则

1.0.1 为满足各省、自治区、直辖市和国务院有关部门（以下简称各地区、部门）及有关单位编制建设工程施工机械台班费用定额的需要，统一建设工程施工机械名称、规格、编码、台班费用组成及计算方法，适应建设工程施工机械台班单价的动态管理，制定《建设工程施工机械台班费用编制规则》（增值税版）（以下简称本规则）。

1.0.2 本规则适用于采用一般计税方法计取增值税的建设工程施工机械台班费用定额的编制，作为编制建设工程施工机械台班费用定额和确定建设工程施工机械台班单价的依据。

1.0.3 本规则附录A施工机械基础数据作为编制建设工程施工机械台班费用定额的基础数据，附录B施工机械台班参考单价作为确定建设工程施工机械台班单价的参考。

1.0.4 施工机械台班单价费用组成中各费用项目均以不包含增值税可抵扣进项税额的价格计算。

1.0.5 本规则待国家实施建筑业营改增后施行。

2 施工机械类别及项目划分

2.0.1 施工机械划分为下列十二个类别：

1 土石方及筑路机械；

2 桩工机械；

3 起重机械；

4 水平运输机械；

5 垂直运输机械；

6 混凝土及砂浆机械；

7 加工机械；

8 泵类机械；

9 焊接机械；

10 动力机械；

11 地下工程机械；

12 其他机械。

2.0.2 施工机械的编码由9位数组成。1、2位为施工机械类别总编码，3、4位为施工机械分类编码，5、6、7位为施工机械名称编码，8、9位为施工机械的顺序编码。

2.0.3 建设工程施工机械台班费用定额编制应按照本规则附录A施工机械基础数据中的施工机械名称、规格及编码规定编制；附录A中未包括的施工机械项目，编制人可参照附录A，结合编制期实际进行补充。

2.0.4 类别、性能和规格与国产施工机械相同的进口机械，按国产施工机械进行项目设置。

2.0.5 各专业部门根据本部门实际增列专业机械类别时，应将补充类别和编码报送全国统一施工机械台班费用定额管理组。

3 施工机械台班单价的费用组成

3.0.1 施工机械台班单价由下列七项费用组成:

1 折旧费:指施工机械在规定的耐用总台班内,陆续收回其原值的费用。

2 检修费:指施工机械在规定的耐用总台班内,按规定的检修间隔进行必要的检修,以恢复其正常功能所需的费用。

3 维护费:指施工机械在规定的耐用总台班内,按规定的维护间隔进行各级维护和临时故障排除所需的费用。保障机械正常运转所需替换设备与随机配备工具附具的摊销费用、机械运转及日常维护所需润滑与擦拭的材料费用及机械停滞期间的维护费用等。

4 安拆费及场外运费:安拆费指施工机械在现场进行安装与拆卸所需的人工、材料、机械和试运转费用以及机械辅助设施的折旧、搭设、拆除等费用;场外运费指施工机械整体或分体自停放地点运至施工现场或由一施工地点运至另一施工地点的运输、装卸、辅助材料等费用。

5 人工费:指机上司机(司炉)和其他操作人员的人工费。

6 燃料动力费:指施工机械在运转作业中所耗用的燃料及水、电等费用。

7 其他费:指施工机械按照国家规定应缴纳的车船税、保险费及检测费等。

4 施工机械台班单价的费用计算

4.0.1 施工机械台班单价应按下式计算:

台班单价 = 折旧费 + 检修费 + 维护费 + 安拆费及场外运费 + 人工费 + 燃料动力费 + 其他费

4.0.2 施工机械台班应按八小时工作制计算。

4.1 折 旧 费

4.1.1 折旧费应按下式计算:

$$折旧费 = \frac{预算价格 \times (1- 残值率)}{耐用总台班}$$

4.1.2 国产施工机械预算价格应按下式计算:

国产施工机械预算价格 = 施工机械原值 + 相关手续费和一次运杂费 + 车辆购置税

1 施工机械原值应按本规则第 5.0.2 条取定。

2 相关手续费和一次运杂费应按实际费用综合取定,也可按其占施工机械原值的百分率取定。

3 车辆购置税应按下式计算:

车辆购置税 = 计取基数 × 车辆购置税率

1)计取基数 = 机械原值 + 相关手续费和一次运杂费。

2)车辆购置税率应执行编制期国家有关规定计算。

4.1.3 进口施工机械预算价格应按下式计算:

进口施工机械预算价格 = 到岸价格 + 关税 + 消费税 + 相关手续费 + 国内一次运杂费 + 银行财务费用 + 车辆购置税

1 到岸价格应按编制期施工企业签订的采购合同、外贸与海关等部门的有关规定及相应的外汇汇率计算取定。

2 关税、消费税及银行财务费用应执行编制期国家有关规定,并参照实际发生的费用计算。也可按其占施工机械原值的百分率取定。

3 相关手续费和国内一次运杂费按实际费用综合取定,也可按其占施工机械原值的百分率取定。

4 施工机械原值应按本规则第 5.0.3 条取定。

5 车辆购置税应按下式计算:

车辆购置税 = 计税价格 × 车辆购置税率

1)计税价格 = 到岸价格 + 关税 + 消费税。

2)车辆购置税率应执行编制期国家有关规定计算。

4.1.4 残值率指施工机械报废时回收其残余价值占施工机械预算价格的百分数。残值率应按编制期国家有关规定取定。

4.1.5 耐用总台班指施工机械从开始投入使用至报废前使用的总台班数。耐用总台班应按相关技术指标取定。

4.1.6 年工作台班指施工机械在一个年度内使用的台班数量。年工作台班应在编制期制度工作日基础上扣除检修、维护天数及考虑机械利用率等因素综合取定。

4.1.7 折旧年限指施工机械逐年计提固定资产折旧的年限。折旧年限应按编制期国家有关规定取定。

$$\text{折旧年限} = \frac{\text{耐用总台班}}{\text{年工作台班}}$$

折旧年限在规定的年限内取整数。

4.2 检修费

4.2.1 检修费按下列公式计算：

$$\text{检修费} = \frac{\text{一次检修费} \times \text{检修次数}}{\text{耐用总台班}} \times \text{除税系数}$$

$$\text{除税系数} = \text{自行检修比例} + \text{委外检修比例} \div (1 + \text{税率})$$

4.2.2 一次检修费指施工机械一次检修发生的工时费、配件费、辅料费、油燃料费等。其数额应参照施工机械相关技术指标和参数，结合编制期市场价格综合取定，也可按其占预算价格的百分率取定。

4.2.3 检修次数指施工机械在其耐用总台班内的检修次数。检修次数应按施工机械的相关技术指标取定。

4.2.4 自行检修比例、委外检修比例是指施工机械自行检修、委托专业修理修配部门检修占检修费比例。具体比值应结合本地区（部门）施工机械检修实际综合取定。

4.2.5 税率按增值税修理修配劳务适用税率计取。

4.3 维护费

4.3.1 维护费按下列公式计算：

$$\text{维护费} = \frac{\Sigma(\text{各级维护一次费用} \times \text{除税系数} \times \text{各级维护次数}) + \text{临时故障排除费}}{\text{耐用总台班}} + \text{替换设备和工具附具台班摊销费}$$

$$\text{除税系数} = \text{自行维护比例} + \text{委外维护比例} \div (1 + \text{税率})$$

4.3.2 各级维护一次费用应按施工机械的相关技术指标，结合编制期市场价格综合取定。

4.3.3 各级维护次数应按施工机械的相关技术指标取定。

4.3.4 自行维护比例、委外维护比例是指施工机械自行维护、委托专业修理修配部门维护占维护费比例。具体比值应结合本地区（部门）施工机械维护实际综合取定。

4.3.5 税率按增值税修理修配劳务适用税率计取。

4.3.6 临时故障排除费可按各级维护费用之和的百分数取定。

4.3.7 替换设备和工具附具台班摊销费应按施工机械的相关技术指标,结合编制期市场价格综合取定。

4.3.8 当维护费计算公式中各项数值难以取定时,维护费也可按下式计算:

$$维护费 = 检修费 \times K$$

K 为维护费系数,指维护费占检修费的百分数。K 值可按本规则附录 A 施工机械基础数据取值或按施工机械的相关技术指标取定。

4.4 安拆费及场外运费

4.4.1 安拆费及场外运费根据施工机械不同分为不需计算、计入台班单价和单独计算三种类型。

1 不需计算。

1)不需安拆的施工机械,不计算一次安拆费。

2)不需相关机械辅助运输的自行移动机械,不计算场外运费。

3)固定在车间的施工机械,不计算安拆费及场外运费。

2 计入台班单价。

安拆简单、移动需要起重及运输机械的轻型施工机械,其安拆费及场外运费计入台班单价。

3 单独计算。

1)安拆复杂、移动需要起重及运输机械的重型施工机械,其安拆费及场外运费单独计算。

2)利用辅助设施移动的施工机械,其辅助设施(包括轨道与枕木等)的折旧、搭设和拆除等费用可单独计算。

4.4.2 安拆费及场外运费应按下式计算:

$$安拆费及场外运费 = \frac{一次安拆费及场外运费 \times 年平均安拆次数}{年工作台班}$$

1 一次安拆费应包括施工现场机械安装和拆卸一次所需的人工费、材料费、机械费、安全监测部门的检测费及试运转费。

2 一次场外运费应包括运输、装卸、辅助材料、回程等费用。

3 年平均安拆次数应按施工机械的相关技术指标,结合具体情况综合确定。

4 运输距离均按平均 30km 计算。

4.4.3 自升式塔式起重机、施工电梯安拆费的超高起点及其增加费,各地区、部门可根据具体情况取定。

4.5 人 工 费

4.5.1 人工费按下式计算:

$$人工费 = 人工消耗量 \times \left(1 + \frac{年制度工作日 - 年工作台班}{年工作台班}\right) \times 人工单价$$

4.5.2 人工消耗量指机上司机(司炉)和其他操作人员工日消耗量。

4.5.3 年制度工作日应执行编制期国家有关规定。

4.5.4 人工单价应执行编制期工程造价管理机构发布的信息价格。

4.6 燃料动力费

4.6.1 燃料动力费应按下式计算：

$$燃料动力费=\Sigma(燃料动力消耗量\times 燃料动力单价)$$

4.6.2 燃料动力消耗量应根据施工机械相关技术指标等参数及实测资料综合确定。

4.6.3 燃料动力单价应执行编制期工程造价管理机构发布的不含税信息价格。

4.7 其 他 费

4.7.1 其他费应按下式计算：

$$其他费=\frac{年车船税+年保险费+年检测费}{年工作台班}$$

4.7.2 年车船税、年检测费用应执行编制期国家及地方政府有关部门的规定。

4.7.3 年保险费应执行编制期国家及地方政府有关部门强制性保险的规定。非强制性保险不应计算在内。

5 施工机械原值采集及取定

5.0.1 施工机械原值应为不含税价格,按下列途径询价、采集:

1 编制期施工企业购进施工机械的成交价格;

2 编制期施工机械展销会发布的参考价格;

3 编制期施工机械生产厂、经销商的销售价格;

4 其他能反映编制期施工机械价格水平的市场价格。

5.0.2 国产施工机械原值应按下列方法取定:

1 施工企业购入机械设备的成交价格,各地区、部门可结合本地区、部门实际,综合取定施工机械原值。

2 施工机械展销会采集的参考价格或从施工机械生产厂、经销商采集的销售价格,各地区、部门可结合本地区、部门的实际,测算价格调整系数取定施工机械原值。

3 对类别、名称、规格相同而生产厂家不同的施工机械,各地区、部门可根据施工企业实际购进情况,综合取定施工机械原值。

4 国产施工机械原值应按不含标准配置以外的附件及备用零配件的价格取定。

5.0.3 进口施工机械原值应按下列方法取定:

1 进口施工机械原值应按“到岸价格+关税”取定。

2 进口施工机械原值应按不含标准配置以外的附件及备用零配件的价格取定。

5.0.4 进口与国产施工机械规格相同的,应以国产为准取定施工机械原值。

5.0.5 机械原值的询价和采集,应将“机械原值询价单”作为编制资料整理归档。“机械原值询价单”应包括:机械名称、性能规格、成交价格、参考价格、销售价格、生产厂和附加说明。

6 施工机械停滞费及租赁费

6.0.1 施工机械停滞费指施工机械非自身原因停滞期间所发生的费用。

施工机械停滞费可按下式计算：

施工机械停滞费 = 折旧费 + 人工费 + 其他费

6.0.2 施工机械租赁费由各地区、部门参照租赁市场价格并结合本地区、部门实际确定。

附录 A　施工机械基础数据

说　明

一、《施工机械基础数据》(以下简称基础数据)是按照《建设工程施工机械台班费用编制规则》(增值税版)(以下简称编制规则)的规定和相关施工机械技术基础数据进行编制的,与附录 B 施工机械台班参考单价配套使用。

二、基础数据设置土石方及筑路机械、桩工机械、起重机械、水平运输机械、垂直运输机械、混凝土及砂浆机械、加工机械、泵类机械、焊接机械、动力机械、地下工程机械、其他机械共计 12 类 953 个项目。

三、基础数据内容包括:折旧年限、预算价格、残值率、年工作台班、耐用总台班、检修次数、一次检修费、一次安拆费及场外运费、年平均安拆次数、K 值。

1. 各项数据的取定均执行编制规则的相关规定。

2. 预算价格按 2013 年国内市场价格综合取定,其中:

(1)施工机械原值采用不含税价格,除税税率为 17%。

$$施工机械原值 = 含税施工机械原值 \div (1+17\%)$$

(2)国产施工机械未计取相关手续费,一次运杂费按施工机械原值的 3% 计取;车辆购置税率按 10% 取定。

(3)进口施工机械关税按到岸价格的 10% 取定,未计取相关手续费,国内一次运杂费按施工机械原值的 3% 计取,银行财务费用按施工机械原值的 0.2% 计取;车辆购置税率按 10% 取定。

3. 折旧年限执行财政部规定的折旧年限范围。

4. 残值率按机械原值的 2% ~ 5% 考虑,本附录按 5% 取定。

5. 年制度工作日执行 250 天。

6. 耐用总台班、年工作台班、一次检修费、检修次数、K 值、一次安拆费及场外运费、年平均安拆次数按相关技术指标取定。

一、土石方及筑路机械

编码	机械名称	性能规格		折旧年限	预算价格	残值率	年工作台班	耐用总台班	检修次数	一次检修费	一次安拆费及场外运费	年平均安拆次数	K值
				年	元	%	台班	台班	次	元	元	次	
990101005	履带式推土机	功率（kW）	50	10 ~ 14	61200	5	200	2250	2	13070			2.60
990101010			60	10 ~ 14	69300	5	200	2250	2	14790			2.60
990101015			75	10 ~ 14	190000	5	200	2250	2	40550			2.60
990101020			90	10 ~ 14	251600	5	200	2250	2	50390			2.60
990101025			105	10 ~ 14	287900	5	200	2250	2	57660			2.60
990101030			120	10 ~ 14	367100	5	200	2250	2	73530			2.60
990101035			135	10 ~ 14	407200	5	200	2250	2	81550			2.60
990101040			165	10 ~ 14	569200	5	200	2250	2	114000			2.60
990101045			240	10 ~ 14	775800	5	200	2250	2	155380			2.01
990101050			320	10 ~ 14	957800	5	200	2250	2	191820			1.85
990102010	湿地推土机		105	10 ~ 14	324800	5	200	2250	2	54790			2.46
990102020			135	10 ~ 14	518300	5	200	2250	2	87420			2.46
990102030			165	10 ~ 14	644000	5	200	2250	2	108610			2.46
990103010	履带式松土机	松土深度（mm）	500	10 ~ 14	203800	5	140	1875	2	34340	4013	4.00	2.88
990103020			1000	10 ~ 14	217400	5	140	1875	2	34380	4013	4.00	2.88
990104010	履带式除根机	清除宽度（mm）	1500	10 ~ 14	105600	5	140	1875	2	17800	4013	4.00	2.88
990105010	履带式除荆机		4000	10 ~ 14	165100	5	140	1875	2	27810	4013	4.00	2.88

续表

编码	机械名称	性能规格		折旧年限	预算价格	残值率	年工作台班	耐用总台班	检修次数	一次检修费	一次安拆费及场外运费	年平均安拆次数	K 值
				年	元	%	台班	台班	次	元	元	次	
990106010	履带式单斗液压挖掘机	斗容量（m^3）	0.6	10 ~ 14	455700	5	220	2625	2	57190			2.24
990106020			0.8	10 ~ 14	553300	5	220	2625	2	99150			2.11
990106030			1	10 ~ 14	578400	5	220	2625	2	103650			2.11
990106040			1.25	10 ~ 14	692300	5	220	2625	2	124050			2.11
990106050			1.6	10 ~ 14	770300	5	220	2625	2	138030			2.11
990106060			1.8	10 ~ 14	816500	5	220	2625	2	146320			2.11
990106070			2	10 ~ 14	822800	5	220	2625	2	147440			2.11
990106080			2.5	10 ~ 14	865100	5	220	2625	2	155020			2.11
990106090			3	10 ~ 14	1034400	5	220	2625	2	185360			2.11
990107010	履带式单斗机械挖掘机		1	10 ~ 14	524700	5	220	2625	2	94020			2.78
990107020			1.5	10 ~ 14	560800	5	220	2625	2	109960			2.78
990108010	轮胎式单斗液压挖掘机		0.2	10 ~ 14	131100	5	240	2814	2	27990			2.66
990108020			0.4	10 ~ 14	154600	5	240	2814	2	33000			2.66
990108030			0.6	10 ~ 14	164200	5	240	2814	2	35050			2.66
990109010	挖掘装载机		0.3	10 ~ 14	242100	5	240	2814	2	38270			2.66
990109020			0.35	10 ~ 14	336300	5	240	2814	2	53200			2.66
990110010	轮胎式装载机		0.5	10 ~ 14	86700	5	240	2814	2	14610			3.56

续表

编码	机械名称	性能规格		折旧年限	预算价格	残值率	年工作台班	耐用总台班	检修次数	一次检修费	一次安拆费及场外运费	年平均安拆次数	*K*值
				年	元	%	台班	台班	次	元	元	次	
990110020	轮胎式装载机	斗容量（m³）	1	10 ~ 14	92400	5	240	2814	2	15580			3.56
990110030			1.5	10 ~ 14	166900	5	240	2814	2	28120			3.56
990110040			2	10 ~ 14	189300	5	240	2814	2	37530			3.56
990110050			2.5	10 ~ 14	233300	5	240	2814	2	36890			3.56
990110060			3	10 ~ 14	339500	5	240	2814	2	53670			3.56
990110070			3.5	10 ~ 14	357200	5	240	2814	2	56480			3.56
990110080			5	10 ~ 14	422100	5	240	2814	2	66720			3.56
990111010	自行式铲运机		3	10 ~ 14	217600	5	160	1875	2	34010			2.68
990111020			4	10 ~ 14	312200	5	160	1875	2	48780			2.68
990111030			6	10 ~ 14	331200	5	160	1875	2	51520			2.68
990111040			7	10 ~ 14	340600	5	160	1875	2	52990			2.68
990111050			8	10 ~ 14	349100	5	160	1875	2	54320			2.68
990111060			10	10 ~ 14	358000	5	160	1875	2	56600			2.68
990111070			12	10 ~ 14	427500	5	160	1875	2	67600			2.68
990111080			16	10 ~ 14	513500	5	160	1875	2	81190			2.68
990112010	拖式铲运机		3	10 ~ 14	41000	5	160	1875	2	9670			3.29
990112020			7	10 ~ 14	133800	5	160	1875	2	31570			3.29

续表

编码	机械名称	性能规格		折旧年限	预算价格	残值率	年工作台班	耐用总台班	检修次数	一次检修费	一次安拆费及场外运费	年平均安拆次数	*K* 值
				年	元	%	台班	台班	次	元	元	次	
990112030	拖式铲运机	斗容量（m^3）	10	10 ~ 14	164600	5	160	1875	2	38830			3.29
990112040			12	10 ~ 14	189700	5	160	1875	2	44750			3.29
990113010	平地机	功率（kW）	75	10 ~ 14	216500	5	200	2250	2	34230			3.45
990113020			90	10 ~ 14	228900	5	200	2250	2	36190			3.45
990113030			120	10 ~ 14	303700	5	200	2250	2	48020			3.45
990113040			132	10 ~ 14	342500	5	200	2250	2	54150			3.45
990113050			150	10 ~ 14	401900	5	200	2250	2	63540			3.45
990113060			180	10 ~ 14	491800	5	200	2250	2	77750			3.45
990113070			220	10 ~ 14	607400	5	200	2250	2	96040			3.45
990114010	履带式拖拉机		50	10 ~ 14	53900	5	200	2250	2	8480			2.68
990114020			60	10 ~ 14	57600	5	200	2250	2	9060			2.68
990114030			75	10 ~ 14	119500	5	200	2250	2	34370			2.68
990114040			90	10 ~ 14	221500	5	200	2250	2	49030			2.68
990114050			105	10 ~ 14	233700	5	200	2250	2	51740			2.68
990114060			120	10 ~ 14	270300	5	200	2250	2	59830			2.68
990114070			135	10 ~ 14	277700	5	200	2250	2	61470			2.68
990114080			165	10 ~ 14	392400	5	200	2250	2	86860			2.68

续表

编码	机械名称	性能规格		折旧年限	预算价格	残值率	年工作台班	耐用总台班	检修次数	一次检修费	一次安拆费及场外运费	年平均安拆次数	K值
				年	元	%	台班	台班	次	元	元	次	
990115010	手扶式拖拉机	功率（kW）	9	6 ~ 12	9200	5	200	1440	2	1550			2.11
990116010	轮胎式拖拉机		21	6 ~ 12	22400	5	200	1440	2	3770			2.11
990116020			41	6 ~ 12	40200	5	200	1440	2	6780			2.11
990116030			75	6 ~ 12	72600	5	200	1440	2	12240			2.11
990117010	拖式单筒羊角碾	工作质量（t）	3	10 ~ 14	11000	5	200	2500	1	1800	478	4.00	5.84
990118010	拖式双筒羊角碾		6	10 ~ 14	20000	5	200	2500	1	2590	817	4.00	5.84
990119010	手扶式振动压实机		1	6 ~ 12	16400	5	150	1200	1	2570	211	4.00	3.86
990120010	钢轮内燃压路机		6	10 ~ 14	110600	5	200	2250	2	17390			3.21
990120020			8	10 ~ 14	116200	5	200	2250	2	18270			3.21
990120030			12	10 ~ 14	154600	5	200	2250	2	24310			3.21
990120040			15	10 ~ 14	181000	5	200	2250	2	28460			3.21
990120050			18	10 ~ 14	199700	5	200	2250	2	31410			3.21
990120060			20	10 ~ 14	245500	5	200	2250	2	36230			3.21
990120070			25	10 ~ 14	312100	5	200	2250	2	46050			3.21
990121010	轮胎压路机		9	10 ~ 14	74400	5	200	2250	2	11700			3.99
990121020			16	10 ~ 14	216600	5	200	2250	2	31960			3.99
990121030			20	10 ~ 14	252700	5	200	2250	2	37290			3.99

续表

编码	机械名称	性能规格		折旧年限	预算价格	残值率	年工作台班	耐用总台班	检修次数	一次检修费	一次安拆费及场外运费	年平均安拆次数	*K* 值
				年	元	%	台班	台班	次	元	元	次	
990121040	轮胎压路机	工作质量（t）	26	10 ~ 14	286100	5	200	2250	2	42230			3.99
990121050	轮胎压路机	工作质量（t）	30	10 ~ 14	348600	5	200	2250	2	51440			3.99
990122010	钢轮振动压路机	工作质量（t）	6	10 ~ 14	109600	5	200	2100	2	23400			3.08
990122020	钢轮振动压路机	工作质量（t）	8	10 ~ 14	154900	5	200	2100	2	33050			3.08
990122030	钢轮振动压路机	工作质量（t）	10	10 ~ 14	165200	5	200	2100	2	35250			3.08
990122040	钢轮振动压路机	工作质量（t）	12	10 ~ 14	206400	5	200	2100	2	41340			3.08
990122050	钢轮振动压路机	工作质量（t）	15	10 ~ 14	269400	5	200	2100	2	53950			3.08
990122060	钢轮振动压路机	工作质量（t）	18	10 ~ 14	286700	5	200	2100	2	57430			3.08
990122070	钢轮振动压路机	工作质量（t）	25	10 ~ 14	568000	5	200	2100	2	78500			3.08
990123010	电动夯实机	夯击能量（N·m）	250	6 ~ 12	2800	5	120	760	1	600	211	4.00	4.64
990124010	内燃夯实机	夯击能量（N·m）	700	6 ~ 12	3300	5	120	760	1	710	211	4.00	4.64
990125010	振动平板夯	激振力（kN）	20	6 ~ 12	5100	5	120	760	1	1080	211	4.00	4.64
990126010	振动冲击夯	激振力（kN）	30	6 ~ 12	8200	5	120	760	1	1750	211	4.00	4.64
990127010	强夯机械	夯击能量（kN·m）	1200	10 ~ 14	593400	5	200	2000	1	55360			2.27
990127020	强夯机械	夯击能量（kN·m）	2000	10 ~ 14	840400	5	200	2000	1	115160			2.27
990127030	强夯机械	夯击能量（kN·m）	3000	10 ~ 14	1135300	5	200	2000	1	155580			2.27
990127040	强夯机械	夯击能量（kN·m）	4000	10 ~ 14	1299800	5	200	2000	1	178110			2.27

续表

编码	机械名称	性能规格		折旧年限	预算价格	残值率	年工作台班	耐用总台班	检修次数	一次检修费	一次安拆费及场外运费	年平均安拆次数	*K* 值
				年	元	%	台班	台班	次	元	元	次	
990127050	强夯机械	夯击能量（kN·m）	5000	10 ~ 14	1460700	5	200	2000	1	200150			2.27
990128010	气腿式风动凿岩机			4 ~ 5	3300	5	200	900	1	740	211	4.00	7.05
990129010	手持式风动凿岩机			4 ~ 5	2500	5	200	900	1	600	211	4.00	7.05
990130010	手持式内燃凿岩机	凿孔深度（mm）	6	4 ~ 5	4200	5	200	800	1	890	211	4.00	7.20
990131010	轮胎式凿岩台车			10 ~ 14	134900	5	180	2100	2	2880	817	4.00	1.87
990132010	履带式凿岩台车			10 ~ 14	199400	5	180	2100	2	42570	817	4.00	1.72
990133010	锚杆钻孔机	锚杆直径（mm）	25	10 ~ 14	1118000	5	200	2250	2	117850			1.79
990133020			32	10 ~ 14	1738700	5	200	2250	2	183270			1.79
990134010	气动装岩机	斗容量（m^3）	0.12	10 ~ 14	34900	5	180	2100	2	7460	817	4.00	2.06
990135010	电动装岩机		0.2	10 ~ 14	46500	5	180	2100	2	9920	817	4.00	1.70
990135020			0.4	10 ~ 14	48200	5	180	2100	2	10290	817	4.00	1.70
990135030			0.5	10 ~ 14	57400	5	180	2100	2	12250	817	4.00	1.70
990135040			0.6	10 ~ 14	66800	5	180	2100	2	14260	817	4.00	1.70
990136010	立爪扒渣机			10 ~ 14	471000	5	180	2400	2	74470	478	4.00	2.29
990137010	梭式矿车	装载容量（m^3）	8	8 ~ 10	77200	5	180	1620	2	13010	478	4.00	0.92
990138010	稳定土拌合机	功率（kW）	90	10 ~ 14	182200	5	200	2250	2	36840			2.54
990138020			105	10 ~ 14	216200	5	200	2250	2	41020			2.54

续表

编码	机械名称	性能规格		折旧年限	预算价格	残值率	年工作台班	耐用总台班	检修次数	一次检修费	一次安拆费及场外运费	年平均安拆次数	*K* 值
				年	元	%	台班	台班	次	元	元	次	
990138030	稳定土拌合机	功率（kW）	135	10 ~ 14	410100	5	200	2250	2	77810			2.54
990138040			230	10 ~ 14	462000	5	200	2250	2	87660			2.54
990139010	车载式碎石撒布机	撒布宽度（mm）	3000	10 ~ 14	39600	5	160	1600	1	6680			3.08
990140010	汽车式沥青喷洒机	箱容量（L）	4000	6 ~ 12	129400	5	100	1125	2	26170			1.69
990140020			7500	6 ~ 12	227100	5	100	1125	2	47440			1.69
990141010	沥青混凝土拌合站	生产率（t/h）	10	10 ~ 14	109800	5	200	2250	2	22200			2.54
990141020			15	10 ~ 14	245600	5	200	2250	2	46600			2.54
990141030			20	10 ~ 14	285200	5	200	2250	2	54120			2.54
990141040			30	10 ~ 14	338900	5	200	2250	2	64310			2.54
990141050			60	10 ~ 14	591600	5	200	2250	2	112250			2.54
990141060			100	10 ~ 14	753600	5	200	2250	2	142980			2.54
990141070			150	10 ~ 14	1097800	5	200	2250	2	208290			2.54
990142010	沥青混凝土摊铺机	装载质量（t）	4	10 ~ 14	138400	5	150	1800	2	31650			1.97
990142020			6	10 ~ 14	216600	5	150	1800	2	46720			1.97
990142030			8	10 ~ 14	288300	5	150	1800	2	57740			1.97
990142040			12	10 ~ 14	376800	5	150	1800	2	80570			1.97
990142050			13	10 ~ 14	597800	5	150	1800	2	153390			1.97
990142060			14	10 ~ 14	817000	5	150	1800	2	223910			1.97

续表

编码	机械名称	性能规格		折旧年限	预算价格	残值率	年工作台班	耐用总台班	检修次数	一次检修费	一次安拆费及场外运费	年平均安拆次数	*K* 值
				年	元	%	台班	台班	次	元	元	次	
990142070	沥青混凝土摊铺机	装载质量（t）	15	10 ~ 14	1118000	5	150	1800	2	345570			1.97
990143010	路面铣刨机	宽度（mm）	300	10 ~ 14	109200	5	180	2000	2	11040	1427	4.00	3.08
990143020			350	10 ~ 14	316900	5	180	2000	2	30070	1427	4.00	3.08
990143030			500	10 ~ 14	374100	5	180	2000	2	35410	1427	4.00	3.08
990143040			1000	10 ~ 14	497400	5	180	2000	2	47180	1427	4.00	3.08
990143050			2000	10 ~ 14	2376900	5	180	2000	2	221780	1427	4.00	3.08
990144010	电动路面铣刨机	功率（kW）	7.5	10 ~ 14	28200	5	180	2000	2	2840	817	4.00	3.08
990145010	路面再生机	宽度 × 深度（mm）	2300 × 400	10 ~ 14	765900	5	160	1600	1	72660			3.08
990146010	汽车式路面划线机	喷涂宽度（mm）	450	10 ~ 14	146000	5	180	2400	2	24600			1.69
990147010	颚式破碎机	进料口（mm）	250 × 400	10 ~ 14	32000	5	160	1600	1	3240			13.55
990147020			250 × 500	10 ~ 14	46200	5	160	1600	1	4670			13.55
990147030			400 × 600	10 ~ 14	73200	5	160	1600	1	6990			13.55
990147040			500 × 750	10 ~ 14	118800	5	160	1600	1	12020			13.55
990147050			600 × 900	10 ~ 14	165200	5	160	1600	1	16700			13.55
990148010	移动式颚式破碎机		250 × 440	10 ~ 14	33900	5	160	1600	1	3430			13.55
990149010	履带式液压岩石破碎机	HB20G		10 ~ 14	198500	5	160	1600	1	20070	1427	4.00	2.66
990149020		HB30G		10 ~ 14	225700	5	160	1600	1	21410	1427	4.00	2.66
990149030		HB40G		10 ~ 14	242800	5	160	1600	1	23030	1427	4.00	2.66

二、桩 工 机 械

编码	机械名称	性能规格		折旧年限	预算价格	残值率	年工作台班	耐用总台班	检修次数	一次检修费	一次安拆费及场外运费	年平均安拆次数	K值
				年	元	%	台班	台班	次	元	元	次	
990201010	履带式柴油打桩机	冲击质量（t）	2.5	10 ~ 14	691700	5	230	2700	1	65620			1.95
990201020			3.5	10 ~ 14	1167800	5	230	2700	1	104930			1.95
990201030			5	10 ~ 14	2681400	5	230	2700	1	250200			1.95
990201040			7	10 ~ 14	3042500	5	230	2700	1	283880			1.88
990201050			8	10 ~ 14	3216800	5	230	2700	1	300150			1.88
990202010	轨道式柴油打桩机		0.6	10 ~ 14	93200	5	230	2700	1	19900			2.26
990202020			0.8	10 ~ 14	108700	5	230	2700	1	23210			2.26
990202030			1.2	10 ~ 14	277700	5	230	2700	1	55610			2.26
990202040			1.8	10 ~ 14	339500	5	230	2700	1	67990			2.26
990202050			2.5	10 ~ 14	607100	5	230	2700	1	121230			2.26
990202060			3.5	10 ~ 14	1020000	5	230	2700	1	204270			2.26
990202070			4	10 ~ 14	1115400	5	230	2700	1	223390			2.26
990202080			5	10 ~ 14	1139200	5	230	2700	1	228140			2.26
990202090			7	10 ~ 14	1257100	5	230	2700	1	251770			2.26
990203010	步履式电动打桩机	功率（kW）	45	10 ~ 14	424800	5	230	2700	1	110910	4013	4.00	3.29
990203020			60	10 ~ 14	552000	5	230	2700	1	145460	4013	4.00	3.29
990203030			90	10 ~ 14	611800	5	230	2700	1	161230	4013	4.00	3.29

续表

编码	机械名称	性能规格		折旧年限	预算价格	残值率	年工作台班	耐用总台班	检修次数	一次检修费	一次安拆费及场外运费	年平均安拆次数	K 值
				年	元	%	台班	台班	次	元	元	次	
990203040	步履式电动打桩机	功率（kW）	200	10 ~ 14	654100	5	230	2700	1	172370	4013	4.00	3.29
990204010	重锤打桩机	冲击质量（t）	0.6	10 ~ 14	250500	5	230	2700	1	10560	4013	4.00	1.95
990205010	振动沉拔桩机	激振力（kN）	300	10 ~ 14	403700	5	180	1800	1	17020	4013	4.00	5.49
990205020	振动沉拔桩机	激振力（kN）	400	10 ~ 14	514700	5	180	1800	1	21710	4013	4.00	5.49
990205030	振动沉拔桩机	激振力（kN）	500	10 ~ 14	676500	5	180	1800	1	28520	4013	4.00	5.49
990205040	振动沉拔桩机	激振力（kN）	600	10 ~ 14	752300	5	180	1800	1	31720	4013	4.00	5.49
990206005	静力压桩机	压力（kN）	900	10 ~ 14	639100	5	180	2025	2	101060			3.67
990206010	静力压桩机	压力（kN）	1200	10 ~ 14	839000	5	180	2025	2	132650			3.67
990206015	静力压桩机	压力（kN）	1600	10 ~ 14	1122400	5	180	2025	2	177470			4.11
990206020	静力压桩机	压力（kN）	2000	10 ~ 14	1545900	5	180	2025	2	244420			4.11
990206025	静力压桩机	压力（kN）	3000	10 ~ 14	1890100	5	180	2025	2	298840			4.11
990206030	静力压桩机	压力（kN）	4000	10 ~ 14	2088200	5	180	2025	2	323780			4.11
990206035	静力压桩机	压力（kN）	5000	10 ~ 14	2104900	5	180	2025	2	327330			4.11
990206040	静力压桩机	压力（kN）	6000	10 ~ 14	2145400	5	180	2025	2	333640			4.11
990206045	静力压桩机	压力（kN）	8000	10 ~ 14	2213200	5	180	2025	2	344180			4.11
990206050	静力压桩机	压力（kN）	10000	10 ~ 14	2273000	5	180	2025	2	353490			4.11
990207010	汽车式钻机	孔径（mm）	400	10 ~ 14	174800	5	200	2250	2	23570			2.75

续表

编码	机械名称	性能规格		折旧年限	预算价格	残值率	年工作台班	耐用总台班	检修次数	一次检修费	一次安拆费及场外运费	年平均安拆次数	K 值
				年	元	%	台班	台班	次	元	元	次	
990207020	汽车式钻机	孔径（mm）	1000	10 ~ 14	286500	5	200	2250	2	36230			2.75
990207030			2000	10 ~ 14	339500	5	200	2250	2	42950			2.75
990208010	潜水钻机		800	10 ~ 14	110800	5	200	2250	2	18670	4013	4.00	2.69
990208020			1250	10 ~ 14	130800	5	200	2250	2	22050	4013	4.00	2.69
990208030			1500	10 ~ 14	210200	5	200	2250	2	33230	4013	4.00	2.69
990208040			2500	10 ~ 14	286500	5	200	2250	2	45290	4013	4.00	2.69
990209010	回旋钻机		500	10 ~ 14	166900	5	200	2000	1	18750	4013	4.00	2.08
990209020			800	10 ~ 14	243400	5	200	2000	1	25660	4013	4.00	2.08
990209030			1000	10 ~ 14	254900	5	200	2000	1	26870	4013	4.00	2.08
990209040			1500	10 ~ 14	260600	5	200	2000	1	27470	4013	4.00	2.08
990209050			2000	10 ~ 14	312200	5	200	2000	1	32900	4013	4.00	2.08
990209060			2500	10 ~ 14	332800	5	200	2000	1	35080	4013	4.00	2.08
990210010	螺旋钻机		400	10 ~ 14	207400	5	200	2000	1	8750	4013	4.00	6.27
990210020			600	10 ~ 14	236500	5	200	2000	1	9970	4013	4.00	6.27
990210030			800	10 ~ 14	377100	5	200	2000	1	15900	4013	4.00	6.27
990210040			1200	10 ~ 14	816400	5	200	2000	1	34420	4013	4.00	6.27
990211010	冲击成孔机		700	10 ~ 14	145600	5	200	2250	2	16360	4013	4.00	2.01

续表

编码	机械名称	性能规格		折旧年限	预算价格	残值率	年工作台班	耐用总台班	检修次数	一次检修费	一次安拆费及场外运费	年平均安拆次数	*K* 值
				年	元	%	台班	台班	次	元	元	次	
990211020	冲击成孔机	孔径（mm）	1000	10 ~ 14	188900	5	200	2250	2	21220	4013	4.00	2.01
990212010	履带式旋挖钻机		800	10 ~ 14	906800	5	200	2250	1	143370			2.08
990212020			1000	10 ~ 14	1056400	5	200	2250	1	167030			2.08
990212030			1200	10 ~ 14	1390900	5	200	2250	1	219920			2.08
990212040			1500	10 ~ 14	1936800	5	200	2250	1	306220			2.08
990212050			1800	10 ~ 14	2641000	5	200	2250	1	410710			2.08
990212060			2000	10 ~ 14	3081200	5	200	2250	1	479160			2.08
990213010	粉喷桩机			10 ~ 14	233300	5	200	2250	2	9840	4013	4.00	2.01
990214010	旋喷桩机	孔径（mm）	600	10 ~ 14	189300	5	200	2250	1	8510	4013	4.00	2.08
990214020			800	10 ~ 14	217400	5	200	2250	1	9160	4013	4.00	2.08
990214030			1200	10 ~ 14	230600	5	200	2250	1	9720	4013	4.00	2.08
990215010	三轴搅拌桩机	轴径（mm）	650	10 ~ 14	349500	5	220	2250	2	14730			2.89
990215020			850	10 ~ 14	600400	5	220	2250	2	25310			2.89
990216010	袋装砂井机不带门架	功率（kW）	7.5	10 ~ 14	111800	5	200	2000	1	12560	1427	4.00	2.72
990217010	袋装砂井机带门架		20	10 ~ 14	145300	5	200	2000	1	16320	1427	4.00	2.72
990218010	气动灌浆机			8 ~ 10	4000	5	150	1200	1	450	211	4.00	5.24
990219010	电动灌浆机			8 ~ 10	5700	5	150	1200	1	640	211	4.00	5.24

三、起 重 机 械

编码	机械名称	性能规格		折旧年限	预算价格	残值率	年工作台班	耐用总台班	检修次数	一次检修费	一次安拆费及场外运费	年平均安拆次数	K 值
				年	元	%	台班	台班	次	元	元	次	
990301010	履带式电动起重机	提升质量（t）	3	10 ~ 14	101900	5	225	2250	1	5730			2.35
990301020			5	10 ~ 14	104500	5	225	2250	1	5870			2.35
990301030			40	10 ~ 14	1105700	5	225	2250	1	58280			2.35
990301040			50	10 ~ 14	1133000	5	225	2250	1	59720			2.35
990302005	履带式起重机		5	10 ~ 14	162400	5	225	2250	1	34590			1.84
990302010			10	10 ~ 14	286500	5	225	2250	1	57380			1.84
990302015			15	10 ~ 14	404700	5	225	2250	1	81060			1.84
990302020			20	10 ~ 14	421200	5	225	2250	1	84360			1.84
990302025			25	10 ~ 14	430500	5	225	2250	1	86220			1.84
990302030			30	10 ~ 14	550900	5	225	2250	1	110340			1.84
990302035			40	10 ~ 14	1087200	5	225	2250	1	217740			1.84
990302040			50	10 ~ 14	1251000	5	225	2250	1	250540			1.84
990302045			60	10 ~ 14	1346900	5	225	2250	1	269760			1.84
990302050			70	10 ~ 14	1606300	5	225	2250	1	320890			1.84
990302055			80	10 ~ 14	2297700	5	225	2250	1	451470			1.84
990302060			90	10 ~ 14	2861100	5	225	2250	1	562180			1.84
990302065			100	10 ~ 14	3098800	5	225	2250	1	608880			1.84

续表

编码	机械名称	性能规格		折旧年限	预算价格	残值率	年工作台班	耐用总台班	检修次数	一次检修费	一次安拆费及场外运费	年平均安拆次数	*K* 值
				年	元	%	台班	台班	次	元	元	次	
990302070	履带式起重机	提升质量（t）	140	10 ~ 14	4639400	5	225	2250	1	911590			1.84
990302075			150	10 ~ 14	4806700	5	225	2250	1	944450			1.84
990302080			200	10 ~ 14	6136000	5	225	2250	1	1205650			1.84
990302085			250	10 ~ 14	7438900	5	225	2250	1	1461660			1.84
990302090			300	10 ~ 14	8257600	5	225	2250	1	1622520			1.84
990303010	轮胎式起重机		8	10 ~ 14	242100	5	250	3000	2	33180			3.05
990303020			16	10 ~ 14	421200	5	250	3000	2	57730			3.05
990303030			20	10 ~ 14	639300	5	250	3000	2	87610			3.05
990303040			25	10 ~ 14	658500	5	250	3000	2	90230			3.05
990303050			40	10 ~ 14	840400	5	250	3000	2	115150			3.05
990303060			50	10 ~ 14	1200800	5	250	3000	2	165150			3.05
990303070			60	10 ~ 14	1399700	5	250	3000	2	192510			3.05
990304004	汽车式起重机		8	10 ~ 14	225700	5	200	2250	2	49970			2.07
990304008			10	10 ~ 14	288600	5	200	2250	2	63740			2.07
990304012			12	10 ~ 14	304400	5	200	2250	2	67390			2.07
990304016			16	10 ~ 14	373000	5	200	2250	2	82560			2.07
990304020			20	10 ~ 14	427600	5	200	2250	2	94650			2.07

续表

编码	机械名称	性能规格		折旧年限	预算价格	残值率	年工作台班	耐用总台班	检修次数	一次检修费	一次安拆费及场外运费	年平均安拆次数	K 值
				年	元	%	台班	台班	次	元	元	次	
990304024	汽车式起重机	提升质量（t）	25	10 ~ 14	466100	5	200	2250	2	103190			2.07
990304028			30	10 ~ 14	497800	5	200	2250	2	110200			2.07
990304032			32	10 ~ 14	614000	5	200	2250	2	135920			2.07
990304036			40	10 ~ 14	849500	5	200	2250	2	188050			2.07
990304040			50	10 ~ 14	1748800	5	200	2250	2	387100			2.07
990304044			60	10 ~ 14	2179700	5	200	2250	2	473500			2.07
990304048			70	10 ~ 14	2238900	5	200	2250	2	486330			2.07
990304052			75	10 ~ 14	2363000	5	200	2250	2	513300			2.07
990304056			80	10 ~ 14	2891900	5	200	2250	2	628190			2.07
990304060			90	10 ~ 14	3389300	5	200	2250	2	736240			2.07
990304064			100	10 ~ 14	3761700	5	200	2250	2	817130			2.07
990304068			110	10 ~ 14	5748600	5	200	2250	2	1248740			2.07
990304072			120	10 ~ 14	6734600	5	200	2250	2	1462920			2.07
990304076			125	10 ~ 14	6998700	5	200	2250	2	1520280			2.07
990304080			150	10 ~ 14	7254000	5	200	2250	2	1575740			2.07
990304084			160	10 ~ 14	7615000	5	200	2250	2	1654150			2.07
990304088			200	10 ~ 14	8570100	5	200	2250	2	1861630			2.07

续表

编码	机械名称	性能规格		折旧年限	预算价格	残值率	年工作台班	耐用总台班	检修次数	一次检修费	一次安拆费及场外运费	年平均安拆次数	*K* 值
				年	元	%	台班	台班	次	元	元	次	
990305010	叉式起重机	提升质量（t）	3	10 ~ 14	95500	5	180	2100	2	15020			3.47
990305020			5	10 ~ 14	119600	5	180	2100	2	18800			3.47
990305030			6	10 ~ 14	145800	5	180	2100	2	22930			3.47
990305040			10	10 ~ 14	270800	5	180	2100	2	39960			5.10
990305050			16	10 ~ 14	338900	5	180	2100	2	50020			5.10
990305060			20	10 ~ 14	416000	5	180	2100	2	61390			5.10
990306005	自升式塔式起重机	起重力矩（kN·m）	400	10 ~ 14	367100	5	250	3500	2	38700			2.10
990306010			600	10 ~ 14	415500	5	250	3500	2	43800			2.10
990306015			800	10 ~ 14	515900	5	250	3500	2	54380			2.10
990306020			1000	10 ~ 14	727100	5	250	3500	2	76640			2.10
990306025			1250	10 ~ 14	752300	5	250	3500	2	79300			2.10
990306030			1500	10 ~ 14	859700	5	250	3500	2	90610			2.10
990306035			2500	10 ~ 14	1187100	5	250	3500	2	125130			2.10
990306040			3000	10 ~ 14	1381900	5	250	3500	2	145660			2.10
990306045			4500	10 ~ 14	2091200	5	250	3500	2	216800			2.10
990306050			5000	10 ~ 14	4155200	5	250	3500	2	430790			2.10
990307010	电动单梁起重机	提升质量（t）	5	10 ~ 14	99000	5	240	2400	1	10010			2.17

续表

编码	机械名称	性能规格		折旧年限	预算价格	残值率	年工作台班	耐用总台班	检修次数	一次检修费	一次安拆费及场外运费	年平均安拆次数	K值
				年	元	%	台班	台班	次	元	元	次	
990307020	电动单梁起重机	提升质量（t）	10	10 ~ 14	171700	5	240	2400	1	17360			2.17
990308010	桥式起重机		5	10 ~ 14	145000	5	240	2400	1	14670			2.17
990308020			15	10 ~ 14	215000	5	240	2400	1	20400			2.17
990308030			20	10 ~ 14	407600	5	240	2400	1	21480			2.17
990308040			30	10 ~ 14	549300	5	240	2400	1	28950			2.17
990308050			50	10 ~ 14	789100	5	240	2400	1	41590			2.17
990308060			75	10 ~ 14	1102200	5	240	2400	1	55440			2.17
990308070			100	10 ~ 14	1546200	5	240	2400	1	81490			2.17
990308080			150	10 ~ 14	1694300	5	240	2400	1	89300			2.17
990309010	门式起重机		5	10 ~ 14	84000	5	230	2700	2	5660			2.72
990309020			10	10 ~ 14	200200	5	230	2700	2	13500			2.72
990309030			20	10 ~ 14	431000	5	230	2700	2	27260			1.38
990309040			30	10 ~ 14	605300	5	230	2700	2	38280			1.38
990309050			40	10 ~ 14	753800	5	230	2700	2	47680			1.38
990309060			50	10 ~ 14	1218800	5	230	2700	2	77080			1.38
990309070			75	10 ~ 14	1624200	5	230	2700	2	102730			1.38
990310010	桅杆式起重机		5	10 ~ 14	100900	5	200	2700	2	5660	1427	4.00	4.20

续表

编码	机械名称	性能规格		折旧年限	预算价格	残值率	年工作台班	耐用总台班	检修次数	一次检修费	一次安拆费及场外运费	年平均安拆次数	K值
				年	元	%	台班	台班	次	元	元	次	
990310020	桅杆式起重机	提升质量（t）	10	10 ~ 14	128400	5	200	2700	2	7210	1427	4.00	4.20
990310030			15	10 ~ 14	158300	5	200	2700	2	8890	1427	4.00	4.20
990310040			40	10 ~ 14	210100	5	200	2700	2	11070	4013	4.00	4.20
990311010	抓管机	功率（kW）	80	10 ~ 14	129900	5	170	2250	2	21880			2.70
990311020			120	10 ~ 14	311800	5	170	2250	2	49310			2.70
990311030			160	10 ~ 14	357900	5	170	2250	2	56580			2.70
990312010	吊管机		75	10 ~ 14	134900	5	170	2250	2	22730			2.70
990312020			165	10 ~ 14	438600	5	170	2250	2	69350			2.70
990312030			240	10 ~ 14	636500	5	170	2250	2	100630			2.70
990313010	门座吊	提升质量（t）	30	10 ~ 14	662900	5	200	2700	2	34940			2.26
990313020			60	10 ~ 14	1399700	5	200	2700	2	73770			2.26
990314010	架桥机		130	10 ~ 14	1078000	5	200	2700	2	56820			2.38
990314020			160	10 ~ 14	1570300	5	200	2700	2	82760			2.38
990315010	少先吊		1	10 ~ 14	8400	5	200	2000	1	850	478	4.00	8.14
990316010	立式油压千斤顶	起重量（t）	100	10 ~ 14	2400	5	130	1560	2	660	211	4.00	1.66
990316020			200	10 ~ 14	3200	5	130	1560	2	900	211	4.00	1.66
990316030			300	10 ~ 14	6400	5	130	1560	2	1790	211	4.00	1.66

四、水平运输机械

编码	机械名称	性能规格		折旧年限	预算价格	残值率	年工作台班	耐用总台班	检修次数	一次检修费	一次安拆费及场外运费	年平均安拆次数	K 值
				年	元	%	台班	台班	次	元	元	次	
990401005	载重汽车	装载质量（t）	2	6 ~ 12	50100	5	240	1900	1	10580			5.61
990401010			3	6 ~ 12	56600	5	240	1900	1	11940			5.61
990401015			4	6 ~ 12	63700	5	240	1900	1	13450			5.61
990401020			5	6 ~ 12	66300	5	240	1900	1	13990			5.61
990401025			6	6 ~ 12	75400	5	240	1900	1	15900			5.61
990401030			8	6 ~ 12	131500	5	240	1900	1	27760			3.93
990401035			10	6 ~ 12	149900	5	240	1900	1	31630			3.93
990401040			12	6 ~ 12	234400	5	240	1900	1	46390			3.93
990401045			15	6 ~ 12	280100	5	240	1900	1	55420			3.93
990401050			18	6 ~ 12	294600	5	240	1900	1	58280			3.93
990401055			20	6 ~ 12	331500	5	240	1900	1	65580			3.93
990402005	自卸汽车		2	6 ~ 12	74100	5	220	1650	1	13190			4.44
990402010			4	6 ~ 12	93500	5	220	1650	1	16640			4.44
990402015			5	6 ~ 12	102300	5	220	1650	1	18190			4.44
990402020			6	6 ~ 12	120600	5	220	1650	1	21470			4.44
990402025			8	6 ~ 12	196000	5	220	1650	1	34810			3.34
990402030			10	6 ~ 12	229600	5	220	1650	1	38250			3.34
990402035			12	6 ~ 12	255400	5	220	1650	1	42530			3.34
990402040			15	6 ~ 12	315200	5	220	1650	1	52560			3.34

续表

编码	机械名称	性能规格		折旧年限	预算价格	残值率	年工作台班	耐用总台班	检修次数	一次检修费	一次安拆费及场外运费	年平均安拆次数	K值
				年	元	%	台班	台班	次	元	元	次	
990402045	自卸汽车	装载质量（t）	18	6 ~ 12	331900	5	220	1650	1	55260			3.34
990402050			20	6 ~ 12	406300	5	220	1650	1	67700			3.34
990403005	平板拖车组		8	6 ~ 12	152000	5	175	1500	1	23910			4.73
990403010			10	6 ~ 12	163700	5	175	1500	1	25740			4.73
990403015			15	6 ~ 12	217600	5	175	1500	1	33850			4.73
990403020			20	6 ~ 12	327900	5	175	1500	1	47820			4.73
990403025			30	6 ~ 12	425300	5	175	1500	1	61990			4.73
990403030			40	6 ~ 12	568200	5	175	1500	1	82810			4.73
990403035			50	6 ~ 12	604500	5	175	1500	1	88090			4.73
990403040			60	6 ~ 12	636700	5	175	1500	1	92770			4.73
990403045			80	6 ~ 12	699500	5	175	1500	1	102140			4.73
990403050			100	6 ~ 12	1404100	5	175	1500	1	205030			4.73
990403055			120	6 ~ 12	1617200	5	175	1500	1	236140			4.73
990403060			150	6 ~ 12	2120700	5	175	1500	1	309670			4.73
990403065			200	6 ~ 12	2779200	5	175	1500	1	399150			4.73
990404010	长材运输车		9	6 ~ 12	189800	5	185	1500	1	16860			5.77
990404020			12	6 ~ 12	265600	5	185	1500	1	22120			5.77
990404030			15	6 ~ 12	317100	5	185	1500	1	26420			5.77
990404040			20	6 ~ 12	366000	5	185	1500	1	30070			5.77

续表

编码	机械名称	性能规格		折旧年限	预算价格	残值率	年工作台班	耐用总台班	检修次数	一次检修费	一次安拆费及场外运费	年平均安拆次数	K 值
				年	元	%	台班	台班	次	元	元	次	
990405010	管子拖车	装载质量（t）	8	6 ~ 12	239200	5	185	1500	1	19870			5.77
990405020			10	6 ~ 12	254700	5	185	1500	1	21120			5.77
990405030			24	6 ~ 12	555800	5	185	1500	1	46130			5.77
990405040			27	6 ~ 12	757300	5	185	1500	1	62890			5.77
990405050			35	6 ~ 12	895700	5	185	1500	1	74390			5.77
990406010	机动翻斗车		1	6 ~ 12	18900	5	250	1500	1	4390	478	4.00	3.93
990406020			1.5	6 ~ 12	21700	5	250	1500	1	4070	478	4.00	3.93
990407010	轨道平车		5	6 ~ 12	11900	5	250	1500	1	1160	1427	4.00	3.93
990407020			10	6 ~ 12	66200	5	250	1500	1	6440	1427	4.00	3.93
990407030			20	6 ~ 12	102100	5	250	1500	1	9950	1427	4.00	3.93
990407040			30	6 ~ 12	192800	5	250	1500	1	18740	1427	4.00	3.93
990407050			60	6 ~ 12	338100	5	250	1500	1	30890	1427	4.00	3.93
990408010	油罐车	罐容量（L）	3000	6 ~ 12	100700	5	240	1900	1	16750			5.09
990408020			5000	6 ~ 12	123500	5	240	1900	1	20590			5.09
990408030			8000	6 ~ 12	162200	5	240	1900	1	27040			5.09
990409010	洒水车		3000	6 ~ 12	69700	5	240	1900	1	11750			4.29
990409020			4000	6 ~ 12	112000	5	240	1900	1	18630			4.29
990409030			6000	6 ~ 12	125500	5	240	1900	1	21150			4.29
990409040			8000	6 ~ 12	132200	5	240	1900	1	21990			4.29

续表

编码	机械名称	性能规格		折旧年限	预算价格	残值率	年工作台班	耐用总台班	检修次数	一次检修费	一次安拆费及场外运费	年平均安拆次数	K值
				年	元	%	台班	台班	次	元	元	次	
990410010	多功能高压疏通车	罐容量（L）	5000	6 ~ 12	247900	5	240	1900	1	38460			4.29
990410020	多功能高压疏通车	罐容量（L）	8000	6 ~ 12	330200	5	240	1900	1	51230			4.29
990411010	泥浆罐车	罐容量（L）	5000	6 ~ 12	131700	5	240	1900	1	21780			4.29
990412010	散装水泥车	装载质量（t）	7	8 ~ 10	170400	5	200	1875	2	26110			3.13
990412020	散装水泥车	装载质量（t）	10	8 ~ 10	286600	5	200	1875	2	41200			3.13
990412030	散装水泥车	装载质量（t）	15	8 ~ 10	336200	5	200	1875	2	52080			3.13
990412040	散装水泥车	装载质量（t）	20	8 ~ 10	467200	5	200	1875	2	67160			3.13
990412050	散装水泥车	装载质量（t）	26	8 ~ 10	788700	5	200	1875	2	113370			3.13
990413010	吸污车	装载质量（t）	4	6 ~ 12	139200	5	240	1900	1	22980			4.29
990413020	吸污车	装载质量（t）	6	6 ~ 12	151300	5	240	1900	1	24990			4.29
990413030	吸污车	装载质量（t）	8	6 ~ 12	157900	5	240	1900	1	26090			4.29
990413040	吸污车	装载质量（t）	10	6 ~ 12	164000	5	240	1900	1	27130			4.29
990414010	电瓶车	牵引质量（t）	2.5	8 ~ 10	36400	5	180	1620	2	3270	817	4.00	1.59
990414020	电瓶车	牵引质量（t）	5	8 ~ 10	55200	5	180	1620	2	4960	1427	4.00	2.19
990414030	电瓶车	牵引质量（t）	7	8 ~ 10	69200	5	180	1620	2	6230	1427	4.00	2.19
990414040	电瓶车	牵引质量（t）	8	8 ~ 10	72600	5	180	1620	2	6530	1427	4.00	2.19
990414050	电瓶车	牵引质量（t）	10	8 ~ 10	85700	5	180	1620	2	7700	1427	4.00	2.19
990414060	电瓶车	牵引质量（t）	12	8 ~ 10	107800	5	180	1620	2	9690	1427	4.00	2.19
990415010	托盘车	装载质量（t）	8	6 ~ 12	162500	5	240	1900	1	26840			4.29

五、垂直运输机械

编码	机械名称	性能规格		折旧年限	预算价格	残值率	年工作台班	耐用总台班	检修次数	一次检修费	一次安拆费及场外运费	年平均安拆次数	K值
				年	元	%	台班	台班	次	元	元	次	
990501010	电动单筒快速卷扬机	牵引力（kN）	5	8 ~ 10	2400	5	210	2100	2	500	478	4.00	2.67
990501020			10	8 ~ 10	2900	5	210	2100	2	610	478	4.00	2.67
990501030			15	8 ~ 10	3700	5	210	2100	2	800	478	4.00	2.67
990501040			20	8 ~ 10	5500	5	210	2100	2	1190	478	4.00	2.67
990501050			30	8 ~ 10	16300	5	210	2100	2	3480	478	4.00	2.67
990502010	电动双筒快速卷扬机		10	8 ~ 10	7700	5	210	2100	2	1040	478	4.00	2.67
990502020			30	8 ~ 10	21700	5	210	2100	2	2930	478	4.00	2.67
990502030			50	8 ~ 10	32900	5	210	2100	2	4440	478	4.00	2.67
990503010	电动单筒慢速卷扬机		10	8 ~ 10	7900	5	210	2100	2	1330	478	4.00	2.67
990503020			30	8 ~ 10	12500	5	210	2100	2	2110	478	4.00	2.67
990503030			50	8 ~ 10	16300	5	210	2100	2	2740	478	4.00	2.67
990503040			80	8 ~ 10	37200	5	210	2100	2	6270	478	4.00	2.67
990503050			100	8 ~ 10	59200	5	210	2100	2	9980	478	4.00	2.67
990503060			200	8 ~ 10	114000	5	210	2100	2	19210	1427	4.00	2.67
990503070			300	8 ~ 10	232400	5	210	2100	2	36750	1427	4.00	2.67
990504010	电动双筒慢速卷扬机		30	8 ~ 10	23400	5	210	2100	2	2630	478	4.00	2.79

续表

编码	机械名称	性能规格				折旧年限	预算价格	残值率	年工作台班	耐用总台班	检修次数	一次检修费	一次安拆费及场外运费	年平均安拆次数	*K*值
						年	元	%	台班	台班	次	元	元	次	
990504020	电动双筒慢速卷扬机	牵引力（kN）			50	8 ~ 10	33900	5	210	2100	2	3810	478	4.00	2.79
990504030					80	8 ~ 10	47700	5	210	2100	2	5370	478	4.00	7.44
990504040					100	8 ~ 10	77100	5	210	2100	2	8660	478	4.00	7.44
990505010	卷扬机带 40m 塔				50	8 ~ 10	39700	5	210	2100	2	8480	478	4.00	2.79
990506010	单笼施工电梯	提升质量（t）	1	提升高度（m）	75	10 ~ 14	216200	5	240	2850	2	31900			2.00
990506020					100	10 ~ 14	241900	5	240	2850	2	35700			2.00
990506030					130	10 ~ 14	275000	5	240	2850	2	40580			2.00
990507010	双笼施工电梯		2×1		50	10 ~ 14	162900	5	240	2850	2	25620			2.00
990507020					100	10 ~ 14	306300	5	240	2850	2	45200			2.00
990507030					130	10 ~ 14	318700	5	240	2850	2	47020			2.00
990507040					200	10 ~ 14	341400	5	240	2850	2	50380			2.00
990507050					300	10 ~ 14	600400	5	240	2850	2	88600			2.00
990508010	电动吊篮				0.5	8 ~ 10	9700	5	100	800	1	2060	211	4.00	2.02
990508020					0.63	8 ~ 10	12900	5	100	800	1	2740	211	4.00	2.02
990508030					0.8	8 ~ 10	17000	5	100	800	1	3630	211	4.00	2.02
990509010	单速电动葫芦				2	8 ~ 10	7600	5	100	800	1	1630			3.30

续表

编码	机械名称	性能规格		折旧年限	预算价格	残值率	年工作台班	耐用总台班	检修次数	一次检修费	一次安拆费及场外运费	年平均安拆次数	*K* 值
				年	元	%	台班	台班	次	元	元	次	
990509020	单速电动葫芦	提升质量（t）	3	8 ~ 10	8600	5	100	800	1	1840			3.30
990509030			5	8 ~ 10	11400	5	100	800	1	2420			3.30
990510010	双速电动葫芦		10	8 ~ 10	26300	5	100	800	1	5600			2.62
990510020			20	8 ~ 10	48400	5	100	800	1	10330			2.62
990510030			30	8 ~ 10	50500	5	100	800	1	10780			2.62
990511010	皮带运输机	带长 × 带宽（m）	10 × 0.5	8 ~ 10	24100	5	150	1500	2	4610	817	4.00	3.51
990511020			15 × 0.5	8 ~ 10	28600	5	150	1500	2	5460	817	4.00	3.51
990511030			20 × 0.5	8 ~ 10	38300	5	150	1500	2	7320	817	4.00	3.51
990511040			30 × 0.5	8 ~ 10	42800	5	150	1500	2	8180	817	4.00	3.51
990512010	平台作业升降车	提升高度（m）	9	8 ~ 10	68800	5	150	1500	2	10830	1427	4.00	1.40
990512020			16	8 ~ 10	110000	5	150	1500	2	17310	1427	4.00	1.40
990512030			20	8 ~ 10	129400	5	150	1500	2	20350	1427	4.00	1.40
990512040			22	8 ~ 10	147900	5	150	1500	2	23260	1427	4.00	1.40
990512050			40	8 ~ 10	171700	5	150	1500	2	27000	1427	4.00	1.40
990513010	汽车式高空作业车		18	8 ~ 10	252700	5	150	1500	2	37290			1.40
990513020			21	8 ~ 10	433100	5	150	1500	2	63910			1.40
990514010	升板设备	提升质量（t）	60	8 ~ 10	163400	5	100	800	1	25690	478	4.00	2.62

六、混凝土及砂浆机械

编码	机械名称	性能规格		折旧年限	预算价格	残值率	年工作台班	耐用总台班	检修次数	一次检修费	一次安拆费及场外运费	年平均安拆次数	K 值
				年	元	%	台班	台班	次	元	元	次	
990601010	涡浆式混凝土搅拌机	出料容量(L)	250	8 ~ 10	26000	5	180	1750	1	5550	478	4.00	2.38
990601020			350	8 ~ 10	36400	5	180	1750	1	7760	478	4.00	2.38
990601030			500	8 ~ 10	61100	5	180	1750	1	13050	478	4.00	2.38
990601040			1000	8 ~ 10	113100	5	180	1750	1	23490	1427	4.00	2.38
990602010	双锥反转出料混凝土搅拌机		200	8 ~ 10	10900	5	180	1750	1	2330	478	4.00	2.64
990602020			350	8 ~ 10	18900	5	180	1750	1	4040	478	4.00	2.64
990602030			500	8 ~ 10	40700	5	180	1750	1	8680	478	4.00	1.65
990602040			750	8 ~ 10	49100	5	180	1750	1	10470	1427	4.00	1.65
990602050			1000	8 ~ 10	86800	5	180	1750	1	18570	1427	4.00	1.65
990602060			1500	8 ~ 10	92400	5	180	1750	1	19780	1427	4.00	1.65
990603010	单卧轴式混凝土搅拌机		150	8 ~ 10	12900	5	180	1750	1	2740	478	4.00	4.04
990603020			250	8 ~ 10	22700	5	180	1750	1	4850	478	4.00	4.04
990603030			350	8 ~ 10	27600	5	180	1750	1	5900	478	4.00	4.04
990604010	双卧轴式混凝土搅拌机		350	8 ~ 10	31300	5	180	1750	1	6690	478	4.00	4.74
990604020			500	8 ~ 10	46500	5	180	1750	1	9930	478	4.00	4.74
990604030			800	8 ~ 10	107400	5	180	1750	1	22980	478	4.00	4.74
990604040			1000	8 ~ 10	120200	5	180	1750	1	25650	1427	4.00	2.86
990604050			1500	8 ~ 10	172900	5	180	1750	1	36900	1427	4.00	2.86

续表

编码	机械名称	性能规格		折旧年限	预算价格	残值率	年工作台班	耐用总台班	检修次数	一次检修费	一次安拆费及场外运费	年平均安拆次数	K值
				年	元	%	台班	台班	次	元	元	次	
990605010	混凝土搅拌站	生产率（m^3/h）	15	8 ~ 10	217000	5	180	1750	1	43460			2.66
990605020			25	8 ~ 10	285800	5	180	1750	1	57230			2.66
990605030			45	8 ~ 10	428700	5	180	1750	1	85870			2.66
990605040			50	8 ~ 10	500000	5	180	1750	1	100150			2.66
990605050			60	8 ~ 10	611800	5	180	1750	1	122530			2.66
990606010	混凝土搅拌输送车	搅动容量（m^3）	4	8 ~ 10	340900	5	200	1600	1	62060			4.12
990606020			5	8 ~ 10	404800	5	200	1600	1	73700			4.12
990606030			6	8 ~ 10	567100	5	200	1600	1	103250			4.12
990606040			7	8 ~ 10	578600	5	200	1600	1	105340			4.12
990606050			8	8 ~ 10	583000	5	200	1600	1	106140			4.12
990606060			10	8 ~ 10	597500	5	200	1600	1	108780			4.12
990606070			12	8 ~ 10	602300	5	200	1600	1	109670			4.12
990606080			14	8 ~ 10	616900	5	200	1600	1	112310			4.12
990606090			16	8 ~ 10	628500	5	200	1600	1	114430			4.12
990607005	混凝土输送泵车	输送量（m^3/h）	20	8 ~ 10	499600	5	200	1600	1	68460			2.73
990607010			45	8 ~ 10	593400	5	200	1600	1	81310			2.73
990607015			70	8 ~ 10	640900	5	200	1600	1	87820			2.73

续表

编码	机械名称	性能规格		折旧年限	预算价格	残值率	年工作台班	耐用总台班	检修次数	一次检修费	一次安拆费及场外运费	年平均安拆次数	*K* 值
				年	元	%	台班	台班	次	元	元	次	
990607020	混凝土输送泵车	输送量（m^3/h）	75	8 ~ 10	761800	5	200	1600	1	104400			2.73
990607025			85	8 ~ 10	1108400	5	200	1600	1	151870			2.73
990607030			90	8 ~ 10	1459600	5	200	1600	1	200010			1.92
990607035			100	8 ~ 10	1536200	5	200	1600	1	210500			1.92
990607040			120	8 ~ 10	1690300	5	200	1600	1	231620			1.92
990607045			140	8 ~ 10	1892700	5	200	1600	1	259370			1.92
990607050			150	8 ~ 10	3204400	5	200	1600	1	431890			1.92
990607055			170	8 ~ 10	3371700	5	200	1600	1	454430			1.92
990608005	混凝土输送泵		8	4 ~ 5	114200	5	200	1000	1	19250	1427	4.00	2.23
990608010			15	4 ~ 5	129000	5	200	1000	1	21740	1427	4.00	2.23
990608015			30	4 ~ 5	206600	5	200	1000	1	32660	1427	4.00	2.23
990608020			45	4 ~ 5	343000	5	200	1000	1	54230	4013	4.00	1.39
990608025			60	4 ~ 5	376300	5	200	1000	1	59500	4013	4.00	1.39
990608030			75	4 ~ 5	436600	5	200	1000	1	69040	4013	4.00	1.39
990608035			80	4 ~ 5	640400	5	200	1000	1	101260	4013	4.00	1.39
990608040			95	4 ~ 5	670800	5	200	1000	1	106070	4013	4.00	1.39
990608045			105	4 ~ 5	702500	5	200	1000	1	111080	4013	4.00	1.39

续表

编码	机械名称	性能规格		折旧年限	预算价格	残值率	年工作台班	耐用总台班	检修次数	一次检修费	一次安拆费及场外运费	年平均安拆次数	K 值
				年	元	%	台班	台班	次	元	元	次	
990608050	混凝土输送泵	输送量（m^3/h）	110	4 ~ 5	721900	5	200	1000	1	114140	4013	4.00	1.39
990608055			120	4 ~ 5	745600	5	200	1000	1	117890	4013	4.00	1.39
990608060			130	4 ~ 5	849500	5	200	1000	1	134320	4013	4.00	1.39
990609010	混凝土湿喷机	生产率（m^3/h）	5	4 ~ 5	26000	5	200	1000	1	4380	478	4.00	4.07
990610010	灰浆搅拌机	拌筒容量（L）	200	8 ~ 10	4700	5	180	1750	1	630	478	4.00	4.00
990610020			400	8 ~ 10	6400	5	180	1750	1	860	478	4.00	4.00
990611010	干混砂浆罐式搅拌机	公称储量（L）	20000	8 ~ 10	42300	5	180	1750	1	7290	478	4.00	1.95
990612010	挤压式灰浆输送泵	输送量（m^3/h）	3	4 ~ 5	12900	5	200	1000	1	2600	478	4.00	4.80
990612020			4	4 ~ 5	16500	5	200	1000	1	3340	478	4.00	4.80
990612030			5	4 ~ 5	18900	5	200	1000	1	3820	478	4.00	4.80
990612040			6	4 ~ 5	22300	5	200	1000	1	4510	478	4.00	4.80
990613010	筛洗石子机	洗石量（m^3/h）	10	8 ~ 10	8700	5	130	1250	1	1470	478	4.00	2.53
990614010	筛砂机	生产率（m^3/h）	10	8 ~ 10	11000	5	180	1750	1	2350	211	4.00	2.60
990615010	偏心式振动筛		16	8 ~ 10	7500	5	180	1750	1	1600	211	4.00	2.60
990616010	混凝土振动台	台面尺寸（m）	1.5 × 6	8 ~ 10	25500	5	130	1250	1	3440	478	4.00	5.53
990616020			2.4 × 6.2	8 ~ 10	49600	5	130	1250	1	6680	478	4.00	5.53
990617010	混凝土抹平机	功率（kW）	5.5	8 ~ 10	2900	5	180	1750	1	380	211	4.00	3.17
990618010	混凝土切缝机		7.5	8 ~ 10	4000	5	180	1750	1	510	211	4.00	3.17

七、加 工 机 械

编码	机械名称	性能规格		折旧年限	预算价格	残值率	年工作台班	耐用总台班	检修次数	一次检修费	一次安拆费及场外运费	年平均安拆次数	*K* 值
				年	元	%	台班	台班	次	元	元	次	
990701010	钢筋调直机	直径（mm）	14	8 ~ 10	12200	5	100	1000	1	2330	211	4.00	2.66
990702010	钢筋切断机		40	8 ~ 10	5500	5	100	1000	1	1050	211	4.00	4.44
990702020			50	8 ~ 10	10100	5	100	1000	1	1930	211	4.00	4.44
990703010	钢筋弯曲机		40	8 ~ 10	4000	5	100	1000	1	760	211	4.00	5.11
990703020			50	8 ~ 10	4100	5	100	1000	1	790	211	4.00	5.11
990704010	钢筋镦头机		5	8 ~ 10	5700	5	100	1000	1	1080	211	4.00	4.08
990705005	预应力钢筋拉伸机	拉伸力（kN）	600	8 ~ 10	8200	5	100	1000	1	1200			3.64
990705010			650	8 ~ 10	8400	5	100	1000	1	1230			3.64
990705015			850	8 ~ 10	9200	5	100	1000	1	1350			3.64
990705020			900	8 ~ 10	12000	5	100	1000	1	1750			3.64
990705025			1000	8 ~ 10	14700	5	100	1000	1	2160			3.64
990705030			1200	8 ~ 10	18900	5	100	1000	1	2760			3.64
990705035			1500	8 ~ 10	20100	5	100	1000	1	2940			3.64
990705040			2500	8 ~ 10	27600	5	100	1000	1	4040			3.64
990705045			3000	8 ~ 10	31300	5	100	1000	1	4580			3.64
990705050			4000	8 ~ 10	51400	5	100	1000	1	7510			3.64
990705055			5000	8 ~ 10	66800	5	100	1000	1	9750			3.64
990706010	木工圆锯机	直径（mm）	500	8 ~ 10	2900	5	150	1300	1	520	211	4.00	2.15

续表

编码	机械名称	性能规格		折旧年限	预算价格	残值率	年工作台班	耐用总台班	检修次数	一次检修费	一次安拆费及场外运费	年平均安拆次数	*K* 值
				年	元	%	台班	台班	次	元	元	次	
990706020	木工圆锯机	直径（mm）	600	8 ~ 10	4800	5	150	1300	1	860	211	4.00	2.15
990706030			1000	8 ~ 10	6700	5	150	1300	1	1210	211	4.00	2.15
990707010	木工台式带锯机	锯轮直径（mm）	1250	8 ~ 10	24100	5	220	2000	1	4330			2.25
990708010	卧式带锯机			8 ~ 10	6400	5	220	2000	1	2420			2.25
990709010	木工平刨床	刨削宽度（mm）	300	8 ~ 10	4400	5	180	1750	1	780			3.86
990709020			500	8 ~ 10	13500	5	180	1750	1	2430			3.86
990710010	木工单面压刨床		600	8 ~ 10	12800	5	180	1750	1	2300			2.72
990711010	木工双面压刨床		600	8 ~ 10	20700	5	180	1750	1	3720			2.72
990712010	木工三面压刨床		400	8 ~ 10	28500	5	180	1750	1	5120			2.24
990713010	木工四面压刨床		300	8 ~ 10	41900	5	180	1750	1	7540			2.24
990714010	木工开榫机	榫头长度（mm）	160	8 ~ 10	32100	5	200	1750	1	5760			3.03
990715010	木工打眼机	榫槽宽度（mm）	16	8 ~ 10	5100	5	200	1750	1	920			4.36
990716010	木工榫槽机	榫槽深度（mm）	100	8 ~ 10	5200	5	200	1750	1	920			4.28
990717010	木工裁口机	宽度（mm）	400	8 ~ 10	8500	5	180	1750	1	1530			2.99
990718010	普通车床	工件直径 × 工件长度（mm）	400 × 1000	10 ~ 14	41800	5	200	2800	3	5640			1.05
990718020			400 × 2000	10 ~ 14	51900	5	200	2800	3	7000			1.05
990718030			630 × 1400	10 ~ 14	66400	5	200	2800	3	8950			1.05

续表

编码	机械名称	性能规格		折旧年限	预算价格	残值率	年工作台班	耐用总台班	检修次数	一次检修费	一次安拆费及场外运费	年平均安拆次数	K值
				年	元	%	台班	台班	次	元	元	次	
990718040	普通车床	工件直径 × 工件长度（mm）	630×2000	10 ~ 14	81200	5	200	2800	3	10940			1.05
990718050			660×2000	10 ~ 14	92400	5	200	2800	3	12460			1.05
990719010	立式车床	直径（mm）	2250	10 ~ 14	106500	5	100	1200	1	5980			1.51
990720010	管子车床			10 ~ 14	22200	5	200	2800	3	3740			1.05
990721010	外圆磨床	工件直径 × 工件长度（mm）	200×500	10 ~ 14	55900	5	150	2100	3	9420			0.72
990722010	龙门刨床	刨削宽度 × 长度（mm）	1000×3000	10 ~ 14	276900	5	150	2100	3	14590			0.57
990722020			1000×4000	10 ~ 14	288900	5	150	2100	3	15230			0.57
990722030			1000×6000	10 ~ 14	390400	5	150	2100	3	20570			0.57
990723010	牛头刨床	刨削长度（mm）	650	10 ~ 14	45900	5	175	2440	3	2580			0.67
990724010	立式铣床	台宽 × 台长（mm）	320×1250	10 ~ 14	67200	5	175	2440	3	3780			0.79
990724020			400×1250	10 ~ 14	103400	5	175	2440	3	5810			0.79
990725010	卧式铣床		400×1250	10 ~ 14	67300	5	175	2440	3	3790			0.79
990725020			400×1600	10 ~ 14	86800	5	175	2440	3	4880			0.79
990726010	台式钻床	钻孔直径（mm）	16	10 ~ 14	2300	5	175	2440	3	130			1.86
990726020			25	10 ~ 14	2800	5	175	2440	3	160			1.86
990726030			35	10 ~ 14	6000	5	175	2440	3	340			1.86
990727010	立式钻床		25	10 ~ 14	7400	5	175	2440	3	410			0.91

续表

编码	机械名称	性能规格		折旧年限	预算价格	残值率	年工作台班	耐用总台班	检修次数	一次检修费	一次安拆费及场外运费	年平均安拆次数	K值
				年	元	%	台班	台班	次	元	元	次	
990727020	立式钻床	钻孔直径（mm）	35	10 ~ 14	11900	5	175	2440	3	670			0.91
990727030			50	10 ~ 14	25100	5	175	2440	3	1410			0.91
990728010	摇臂钻床		25	10 ~ 14	10900	5	175	2440	3	610			0.55
990728020			50	10 ~ 14	28700	5	175	2440	3	1610			0.55
990728030			63	10 ~ 14	59500	5	175	2440	3	3340			0.55
990728040			80	10 ~ 14	116200	5	175	2440	3	6530			0.55
990729010	坐标镗车	工作台（mm）	800×1200	10 ~ 14	111800	5	100	1200	1	6280			1.51
990730010	锥形螺纹车丝机	直径（mm）	45	10 ~ 14	4400	5	130	1500	2	440	211	4.00	1.70
990731010	螺栓套丝机		39	10 ~ 14	3400	5	130	1500	2	190	211	4.00	1.70
990732005	剪板机	厚度 × 宽度（mm）	6.3×2000	10 ~ 14	51100	5	175	2440	3	2300			0.53
990732010			10×2500	10 ~ 14	93800	5	175	2440	3	4210			0.53
990732015			13×2500	10 ~ 14	112200	5	175	2440	3	5040			0.53
990732020			13×3000	10 ~ 14	121000	5	175	2440	3	6730			0.53
990732025			16×2500	10 ~ 14	127600	5	175	2440	3	5740			0.53
990732030			20×2000	10 ~ 14	166800	5	175	2440	3	7500			0.53
990732035			20×2500	10 ~ 14	199000	5	175	2440	3	8940			0.53
990732040			20×4000	10 ~ 14	372400	5	175	2440	3	15700			0.53

续表

编码	机械名称	性能规格		折旧年限	预算价格	残值率	年工作台班	耐用总台班	检修次数	一次检修费	一次安拆费及场外运费	年平均安拆次数	K值
				年	元	%	台班	台班	次	元	元	次	
990732045	剪板机	厚度 × 宽度（mm）	32×4000	10 ~ 14	647900	5	175	2440	3	27320			0.53
990732050			40×3100	10 ~ 14	761800	5	175	2440	3	32120			0.53
990733010	板料校平机		10×2000	10 ~ 14	993000	5	140	1800	2	52340			0.52
990733020			16×2000	10 ~ 14	1278300	5	140	1800	2	67370			0.52
990733030			16×2500	10 ~ 14	1376000	5	140	1800	2	72520			0.52
990734005	卷板机	板厚 × 宽度（mm）	2×1600	10 ~ 14	32400	5	175	2440	3	1830			0.77
990734010			20×2000	10 ~ 14	56800	5	175	2440	3	3190			0.77
990734015			20×2500	10 ~ 14	66200	5	175	2440	3	3720			0.77
990734020			20×3000	10 ~ 14	83300	5	175	2440	3	4680			0.77
990734025			30×2000	10 ~ 14	206000	5	175	2440	3	10860			0.77
990734030			30×2500	10 ~ 14	249100	5	175	2440	3	13130			0.77
990734035			30×3000	10 ~ 14	329200	5	175	2440	3	17360			0.77
990734040			40×3500	10 ~ 14	386000	5	175	2440	3	20340			0.77
990734045			40×4000	10 ~ 14	1056400	5	175	2440	3	55680			0.77
990734050			45×3500	10 ~ 14	1181400	5	175	2440	3	62270			0.77
990734055			70×3000	10 ~ 14	1316100	5	175	2440	3	69370			0.77
990735010	联合冲剪机	板厚（mm）	16	10 ~ 14	63600	5	120	1350	2	6430			1.03
990735020			30	10 ~ 14	85000	5	120	1350	2	8590			1.03

续表

编码	机械名称	性能规格		折旧年限	预算价格	残值率	年工作台班	耐用总台班	检修次数	一次检修费	一次安拆费及场外运费	年平均安拆次数	*K* 值
				年	元	%	台班	台班	次	元	元	次	
990736010	刨边机	加工长度（mm）	9000	10 ~ 14	401600	5	160	2160	2	38100			1.07
990736020			12000	10 ~ 14	482900	5	160	2160	2	45810			1.07
990737010	折方机	厚度 × 宽度（mm）	1.5 × 2000	10 ~ 14	7200	5	130	1500	2	730			0.42
990737020			2 × 1000	10 ~ 14	4000	5	130	1500	2	410			0.42
990737030			2 × 1500	10 ~ 14	5300	5	130	1500	2	540			0.42
990737040			4 × 2000	10 ~ 14	27500	5	130	1500	2	2780			0.42
990738010	扳边机		2 × 1500	10 ~ 14	9200	5	130	1500	2	930			0.42
990739010	咬口机	板厚（mm）	1.2	8 ~ 10	4800	5	150	1200	1	260			2.79
990739020			1.5	8 ~ 10	7500	5	150	1200	1	420			2.79
990740010	坡口机	功率（kW）	2.2	8 ~ 10	12900	5	100	800	1	730	211	4.00	2.40
990740020			2.8	8 ~ 10	13400	5	100	800	1	750	211	4.00	2.40
990741010	开卷机	厚度（mm）	12	10 ~ 14	5800	5	120	1200	1	320			1.67
990742010	开孔机	开孔直径（mm）	200	10 ~ 14	3800	5	120	1200	1	220			1.67
990742020			400	10 ~ 14	4000	5	120	1200	1	230			1.67
990742030			600	10 ~ 14	5500	5	120	1200	1	310			1.67
990743010	等离子切割机	电流（A）	400	4 ~ 5	28600	5	160	800	1	4820	478	4.00	5.97
990744010	半自动切割机	厚度（mm）	100	7 ~ 10	2900	5	150	1500	1	480	478	4.00	6.26
990745010	自动仿形切割机		60	7 ~ 10	7300	5	150	1500	1	1230	478	4.00	6.26

续表

编码	机械名称	性能规格		折旧年限	预算价格	残值率	年工作台班	耐用总台班	检修次数	一次检修费	一次安拆费及场外运费	年平均安拆次数	*K* 值
				年	元	%	台班	台班	次	元	元	次	
990746010	弓锯床	锯料直径（mm）	250	10 ~ 14	13700	5	100	1200	1	770	211	4.00	1.51
990747010	管子切断机	管径（mm）	60	10 ~ 14	6000	5	130	1500	2	610	211	4.00	2.80
990747020			150	10 ~ 14	17200	5	130	1500	2	1740	211	4.00	2.09
990747030			250	10 ~ 14	19800	5	130	1500	2	2000	211	4.00	2.09
990747040			325	10 ~ 14	50500	5	130	1500	2	5100	211	4.00	2.09
990748010	管子切断套丝机		159	10 ~ 14	6000	5	130	1500	2	340	211	4.00	3.30
990749010	型钢剪断机	剪断宽度（mm）	500	10 ~ 14	99000	5	175	2440	3	5560			0.97
990750010	校直机			10 ~ 14	5700	5	140	1800	2	320			0.52
990751010	型钢矫正机	厚度 × 宽度（mm）	60 × 800	10 ~ 14	32900	5	175	2440	3	1850			0.97
990752010	型钢组立机		60 × 800	10 ~ 14	8700	5	175	2440	3	490			0.97
990753010	中频加热处理机	功率（kW）	50	10 ~ 14	11300	5	130	1500	2	630			1.16
990753020			100	10 ~ 14	84900	5	130	1500	2	4770			1.16
990754010	中频感应炉		250	10 ~ 14	4200	5	130	1500	2	240			1.16
990755010	中频煨弯机		160	10 ~ 14	47700	5	130	1500	2	2680	211	4.00	1.16
990755020			250	10 ~ 14	69000	5	130	1500	2	3880	211	4.00	1.16
990756010	钢材电动煨弯机	弯曲直径（mm）	500 以内	10 ~ 14	41100	5	140	1875	2	2310	211	4.00	0.69
990756020			500 ~ 1800	10 ~ 14	85000	5	140	1875	2	4780	211	4.00	0.69
990757010	法兰卷圆机	L40 × 4		8 ~ 10	10900	5	100	800	1	610	211	4.00	3.20

续表

编码	机械名称	性能规格		折旧年限	预算价格	残值率	年工作台班	耐用总台班	检修次数	一次检修费	一次安拆费及场外运费	年平均安拆次数	*K* 值
				年	元	%	台班	台班	次	元	元	次	
990758010	电动弯管机	管径（mm）	50	10 ~ 14	6000	5	130	1500	2	340	211	4.00	1.16
990758020			100	10 ~ 14	12000	5	130	1500	2	670	211	4.00	1.16
990758030			108	10 ~ 14	61100	5	130	1500	2	3440	211	4.00	1.16
990759010	液压弯管机		60	10 ~ 14	28600	5	130	1500	2	1610	211	4.00	1.16
990760010	空气锤	锤体质量（kg）	75	10 ~ 14	20700	5	170	1950	2	1160			1.28
990760020			150	10 ~ 14	40100	5	170	1950	2	2250			1.28
990760030			400	10 ~ 14	108700	5	170	1950	2	6100			1.28
990760040			750	10 ~ 14	241200	5	170	1950	2	12720			1.28
990760050			1000	10 ~ 14	286100	5	170	1950	2	15080			1.28
990761010	摩擦压力机	压力（kN）	1600	10 ~ 14	94600	5	150	2000	1	5310			1.58
990761020			3000	10 ~ 14	206900	5	150	2000	1	10910			1.58
990762010	开式可倾压力机		630	10 ~ 14	44000	5	120	1200	1	2480			1.67
990762020			800	10 ~ 14	57600	5	120	1200	1	3230			1.67
990762030			1250	10 ~ 14	86800	5	120	1200	1	4880			1.67
990763010	液压机		500	10 ~ 14	120100	5	170	1950	2	6740			1.28
990763020			800	10 ~ 14	125600	5	170	1950	2	7050			1.28
990763030			1000	10 ~ 14	134100	5	170	1950	2	7540			1.28
990763040			1200	10 ~ 14	139500	5	170	1950	2	7840			1.28

续表

编码	机械名称	性能规格		折旧年限	预算价格	残值率	年工作台班	耐用总台班	检修次数	一次检修费	一次安拆费及场外运费	年平均安拆次数	*K* 值
				年	元	%	台班	台班	次	元	元	次	
990763050	液压机	压力（kN）	2000	10 ~ 14	147400	5	170	1950	2	8280			1.28
990763060			5000	10 ~ 14	162900	5	170	1950	2	9150			1.28
990763070			8000	10 ~ 14	653200	5	170	1950	2	34430			1.28
990763080			12000	10 ~ 14	727200	5	170	1950	2	38330			1.28
990764010	液压压接机	压力（t）	100	8 ~ 10	30500	5	150	1200	1	1710	211	4.00	1.06
990764020			200	8 ~ 10	50500	5	150	1200	4	2840	211	4.00	1.06
990765010	钢筋挤压连接机	直径（mm）	40	10 ~ 14	17300	5	120	1440	1	970	211	4.00	2.20
990766010	风动锻钎机			10 ~ 14	14700	5	130	1560	2	830	478	4.00	0.70
990767010	液压锻钎机	功率（kW）	11	10 ~ 14	20100	5	130	1560	2	1130	478	4.00	0.70
990768010	电动修钎机			10 ~ 14	28600	5	130	1560	2	1600	478	4.00	0.68
990769010	磨砖机	功率（kW）	4	8 ~ 10	5100	5	100	800	1	290	211	4.00	1.26
990769020			4.5	8 ~ 10	5600	5	100	800	1	310	211	4.00	1.26
990770010	切砖机		1.7	8 ~ 10	5700	5	100	800	1	320	211	4.00	0.97
990770020			2.2	8 ~ 10	7500	5	100	800	1	420	211	4.00	0.97
990770030			2.8	8 ~ 10	9000	5	100	800	1	510	211	4.00	0.97
990770040			5.5	8 ~ 10	11000	5	100	800	1	630	211	4.00	0.97
990771010	钻砖机		13	8 ~ 10	2300	5	100	800	1	130	211	4.00	1.69
990772010	岩石切割机		3	8 ~ 10	23600	5	100	800	1	1260	211	4.00	0.97

续表

编码	机械名称	性能规格		折旧年限	预算价格	残值率	年工作台班	耐用总台班	检修次数	一次检修费	一次安拆费及场外运费	年平均安拆次数	K值
				年	元	%	台班	台班	次	元	元	次	
990773010	平面水磨石机	功率（kW）	3	8 ~ 10	2400	5	120	1000	1	140	211	4.00	8.50
990774010	立面水磨石机		1.1	8 ~ 10	5900	5	120	1000	1	330	211	4.00	8.50
990775010	喷砂除锈机	能力（m^3/min）	3	8 ~ 10	10000	5	150	1500	2	570	211	4.00	1.43
990776010	抛丸除锈机	直径（mm）	219	8 ~ 10	311600	5	150	1500	2	16430	211	4.00	1.43
990776020			500	8 ~ 10	424300	5	150	1500	2	22370	211	4.00	1.43
990776030			1000	8 ~ 10	770300	5	150	1500	2	40600	211	4.00	1.43
990777010	涂料机	处理直径（mm）	300	8 ~ 10	3300	5	150	1200	1	410	211	4.00	1.06
990777020			1000	8 ~ 10	6000	5	150	1200	1	740	211	4.00	1.06
990777030			2000	8 ~ 10	7400	5	150	1200	1	910	211	4.00	1.06
990777040			3000	8 ~ 10	8300	5	150	1200	1	1030	211	4.00	1.06
990778010	万能母线煨弯机			10 ~ 14	12900	5	120	1440	1	730	211	4.00	2.20
990779010	封口机			10 ~ 14	28700	5	120	1440	1	1610	211	4.00	2.20
990780010	对口器	直径（mm）	426	8 ~ 10	40200	5	200	1650	2	2260	211	4.00	1.60
990780020			529	8 ~ 10	42900	5	200	1650	2	2410	211	4.00	1.60
990780030			720	8 ~ 10	83200	5	200	1650	2	4670	211	4.00	1.60
990781010	钢绞线横穿孔机	功率（kW）	40	10 ~ 14	461300	5	120	1440	1	24310	211	4.00	2.20
990782010	数控钢筋调直切断机	直径（mm）	1.8 ~ 3	10 ~ 14	44000	5	170	2100	1	8410	211	4.00	0.75
990782020			3 ~ 7	10 ~ 14	158500	5	170	2100	1	30260	211	4.00	0.75

八、泵类机械

编码	机械名称	性能规格				折旧年限	预算价格	残值率	年工作台班	耐用总台班	检修次数	一次检修费	一次安拆费及场外运费	年平均安拆次数	*K* 值
						年	元	%	台班	台班	次	元	元	次	
990801010	电动单级离心清水泵	出口直径（mm）	50			8 ~ 10	2200	5	120	1200	2	460	211	4.00	2.41
990801020	电动单级离心清水泵	出口直径（mm）	100			8 ~ 10	3300	5	120	1200	2	700	211	4.00	2.41
990801030	电动单级离心清水泵	出口直径（mm）	150			8 ~ 10	4600	5	120	1200	2	990	211	4.00	2.41
990801040	电动单级离心清水泵	出口直径（mm）	200			8 ~ 10	6100	5	120	1200	2	1290	211	4.00	2.41
990801050	电动单级离心清水泵	出口直径（mm）	250			8 ~ 10	9000	5	120	1200	2	1910	211	4.00	2.41
990802010	内燃单级离心清水泵	出口直径（mm）	50			8 ~ 10	3800	5	120	1200	2	800	211	4.00	1.79
990802020	内燃单级离心清水泵	出口直径（mm）	100			8 ~ 10	6600	5	120	1200	2	1400	211	4.00	1.79
990802030	内燃单级离心清水泵	出口直径（mm）	150			8 ~ 10	9900	5	120	1200	2	2100	211	4.00	1.79
990802040	内燃单级离心清水泵	出口直径（mm）	200			8 ~ 10	15200	5	120	1200	2	3250	211	4.00	1.79
990802050	内燃单级离心清水泵	出口直径（mm）	250			8 ~ 10	30500	5	120	1200	2	6520	211	4.00	1.79
990803010	电动多级离心清水泵	出口直径（mm）	50			8 ~ 10	5500	5	120	1200	2	1170	211	4.00	2.58
990803020	电动多级离心清水泵	出口直径（mm）	100	扬程（m）	120 以下	8 ~ 10	10100	5	120	1200	2	2160	211	4.00	2.58
990803030	电动多级离心清水泵	出口直径（mm）	100	扬程（m）	120 以上	8 ~ 10	13700	5	120	1200	2	2930	211	4.00	2.58
990803040	电动多级离心清水泵	出口直径（mm）	150	扬程（m）	180 以下	8 ~ 10	21700	5	120	1200	2	4620	211	4.00	2.58
990803050	电动多级离心清水泵	出口直径（mm）	150	扬程（m）	180 以上	8 ~ 10	30800	5	120	1200	2	6570	211	4.00	2.58
990803060	电动多级离心清水泵	出口直径（mm）	200	扬程（m）	280 以下	8 ~ 10	34200	5	120	1200	2	7310	211	4.00	2.58
990803070	电动多级离心清水泵	出口直径（mm）	200	扬程（m）	280 以上	8 ~ 10	42900	5	120	1200	2	9160	211	4.00	2.58

续表

编码	机械名称	性能规格		折旧年限	预算价格	残值率	年工作台班	耐用总台班	检修次数	一次检修费	一次安拆费及场外运费	年平均安拆次数	K 值
				年	元	%	台班	台班	次	元	元	次	
990804010	单级自吸水泵	出口直径（mm）	150	8 ~ 10	21800	5	150	1500	1	3660	211	4.00	2.02
990805010	污水泵		70	8 ~ 10	2500	5	120	1000	1	420	211	4.00	3.24
990805020			100	8 ~ 10	5900	5	120	1000	1	1000	211	4.00	3.24
990805030			150	8 ~ 10	8700	5	120	1000	1	1460	211	4.00	3.24
990805040			200	8 ~ 10	27700	5	120	1000	1	4660	211	4.00	3.24
990806010	泥浆泵		50	8 ~ 10	4100	5	120	1000	1	700	211	4.00	3.24
990806020			100	8 ~ 10	15500	5	120	1000	1	2620	211	4.00	3.24
990807010	耐腐蚀泵		40	8 ~ 10	5500	5	120	1000	1	920	211	4.00	5.39
990807020			50	8 ~ 10	7200	5	120	1000	1	1210	211	4.00	5.39
990807030			80	8 ~ 10	7300	5	120	1000	1	1220	211	4.00	5.39
990807040			100	8 ~ 10	8400	5	120	1000	1	1410	211	4.00	5.39
990808010	真空泵	抽气速度（m^3/h）	204	8 ~ 10	8100	5	100	1000	1	1380	211	4.00	2.15
990808020			660	8 ~ 10	9300	5	100	1000	1	1570	211	4.00	2.15
990809010	潜水泵	出口直径（mm）	50	8 ~ 10	2200	5	150	1200	1	370	211	4.00	5.44
990809020			100	8 ~ 10	3100	5	150	1200	1	520	211	4.00	5.44
990809030			150	8 ~ 10	7200	5	150	1200	1	1220	211	4.00	5.44

续表

编码	机械名称	性能规格		折旧年限	预算价格	残值率	年工作台班	耐用总台班	检修次数	一次检修费	一次安拆费及场外运费	年平均安拆次数	K 值
				年	元	%	台班	台班	次	元	元	次	
990810010	砂泵	出口直径（mm）	65	8 ~ 10	5900	5	100	800	1	1000	211	4.00	3.76
990810020			100	8 ~ 10	12900	5	100	800	1	2190	211	4.00	3.76
990810030			125	8 ~ 10	21700	5	100	800	1	3650	211	4.00	3.76
990811010	高压油泵	压力（MPa）	50	8 ~ 10	5500	5	150	1200	1	920	211	4.00	3.33
990811020			80	8 ~ 10	8700	5	150	1200	1	1460	211	4.00	3.33
990812010	齿轮油泵	流量（L/min）	2.5	8 ~ 10	2800	5	150	1200	1	470	211	4.00	3.33
990813005	试压泵	压力（MPa）	2.5	8 ~ 10	1700	5	150	1200	1	290	211	4.00	3.04
990813010			3	8 ~ 10	3300	5	150	1200	1	560	211	4.00	3.04
990813015			4	8 ~ 10	3500	5	150	1200	1	580	211	4.00	3.04
990813020			6	8 ~ 10	3700	5	150	1200	1	620	211	4.00	3.04
990813025			10	8 ~ 10	4300	5	150	1200	1	720	211	4.00	3.04
990813030			25	8 ~ 10	4600	5	150	1200	1	770	211	4.00	3.04
990813035			30	8 ~ 10	4700	5	150	1200	1	790	211	4.00	3.04
990813040			35	8 ~ 10	4800	5	150	1200	1	810	211	4.00	3.04
990813045			60	8 ~ 10	4900	5	150	1200	1	830	211	4.00	3.04
990813050			80	8 ~ 10	6300	5	150	1200	1	1060	211	4.00	3.04
990814010	射流井点泵	最大抽吸深度（m）	9.5	8 ~ 10	6100	5	150	1200	2	1540	211	4.00	3.72

九、焊 接 机 械

编码	机械名称	性能规格		折旧年限	预算价格	残值率	年工作台班	耐用总台班	检修次数	一次检修费	一次安拆费及场外运费	年平均安拆次数	K 值
				年	元	%	台班	台班	次	元	元	次	
990901010	交流弧焊机	容量（kV·A）	21	7 ~ 10	2900	5	150	1500	1	610	478	4.00	3.33
990901020			32	7 ~ 10	3800	5	150	1500	1	810	478	4.00	3.33
990901030			40	7 ~ 10	4300	5	150	1500	1	920	478	4.00	3.33
990901040			42	7 ~ 10	4600	5	150	1500	1	990	478	4.00	3.33
990901050			50	7 ~ 10	4800	5	150	1500	1	1020	478	4.00	3.33
990901060			80	7 ~ 10	5500	5	150	1500	1	1180	478	4.00	3.33
990902010	硅整流弧焊机		15	7 ~ 10	7200	5	160	1500	1	1220	478	4.00	3.45
990902020			20	7 ~ 10	8500	5	160	1500	1	1420	478	4.00	3.45
990902030			25	7 ~ 10	11100	5	160	1500	1	1870	478	4.00	3.45
990903010	多功能弧焊整流器	电流（A）	630	7 ~ 10	12800	5	150	1200	1	2730	478	4.00	2.92
990903020			1000	7 ~ 10	19400	5	150	1200	1	4140	478	4.00	2.92
990904010	直流弧焊机	容量（kV·A）	10	7 ~ 10	3800	5	150	1500	1	820	478	4.00	4.00
990904020			14	7 ~ 10	5500	5	150	1500	1	1170	478	4.00	4.00
990904030			20	7 ~ 10	7200	5	150	1500	1	1540	478	4.00	3.71
990904040			32	7 ~ 10	8700	5	150	1500	1	1860	478	4.00	3.71
990904050			40	7 ~ 10	11000	5	150	1500	1	2350	478	4.00	3.71

续表

编码	机械名称	性能规格		折旧年限	预算价格	残值率	年工作台班	耐用总台班	检修次数	一次检修费	一次安拆费及场外运费	年平均安拆次数	*K* 值
				年	元	%	台班	台班	次	元	元	次	
990905010	汽油电焊机	电流（A）	160	7 ~ 10	16400	5	200	1400	1	3500	478	4.00	1.19
990905020			300	7 ~ 10	24100	5	200	1400	1	5160	478	4.00	1.19
990906010	柴油电焊机		500	7 ~ 10	28500	5	200	1400	1	6100	478	4.00	1.19
990907010	拖拉机驱动弧焊机	单弧		7 ~ 10	82900	5	150	1500	1	17710	478	4.00	0.53
990907020		二弧		7 ~ 10	99700	5	150	1500	1	21320	478	4.00	0.53
990907030		四弧		7 ~ 10	521200	5	150	1500	1	86910	478	4.00	0.53
990908010	点焊机	容量（kV·A）	50	7 ~ 10	8600	5	150	1500	1	1830	478	4.00	2.92
990908020			75	7 ~ 10	11200	5	150	1500	1	2390	478	4.00	2.92
990908030			100	7 ~ 10	19400	5	150	1500	1	4140	478	4.00	2.92
990909010	多头点焊机		6 × 35	7 ~ 10	47300	5	150	1500	1	7740	478	4.00	2.92
990910010	对焊机		10	7 ~ 10	3300	5	150	1250	1	710	478	4.00	3.13
990910020			25	7 ~ 10	5200	5	150	1250	1	1100	478	4.00	3.13
990910030			75	7 ~ 10	7700	5	150	1250	1	1640	478	4.00	3.13
990910040			150	7 ~ 10	8700	5	150	1250	1	1860	478	4.00	3.13
990911010	热熔对接焊机	直径（mm）	160	7 ~ 10	1800	5	150	1250	1	400	478	4.00	1.06
990911020			250	7 ~ 10	2800	5	150	1250	1	600	478	4.00	1.06

续表

编码	机械名称	性能规格		折旧年限	预算价格	残值率	年工作台班	耐用总台班	检修次数	一次检修费	一次安拆费及场外运费	年平均安拆次数	*K* 值
				年	元	%	台班	台班	次	元	元	次	
990911030	热熔对接焊机	直径（mm）	630	7 ~ 10	8100	5	150	1250	1	1730	478	4.00	1.06
990911040			800	7 ~ 10	8500	5	150	1250	1	1810	478	4.00	1.06
990912010	氩弧焊机	电流（A）	500	7 ~ 10	12000	5	100	800	1	2020	478	4.00	3.40
990913010	二氧化碳气体保护焊机		250	7 ~ 10	11200	5	100	800	1	1880	478	4.00	5.15
990913020			500	7 ~ 10	28600	5	100	800	1	4820	478	4.00	5.15
990914010	等离子弧焊机		300	7 ~ 10	21700	5	100	800	1	3650	478	4.00	5.40
990915010	自动埋弧焊机		500	7 ~ 10	22600	5	150	1500	1	2800	478	4.00	5.32
990915020			1200	7 ~ 10	30100	5	150	1500	1	3720	478	4.00	5.32
990915030			1500	7 ~ 10	37200	5	150	1500	1	4610	478	4.00	5.32
990916010	电渣焊机		1000	7 ~ 10	46500	5	150	1500	1	5750	478	4.00	3.18
990917010	缝焊机	容量（kV·A）	150	7 ~ 10	30500	5	150	1500	1	3770	478	4.00	3.18
990918010	土工膜焊接机	厚度（mm）	8 ~ 160	7 ~ 10	4800	5	150	1250	1	1020	478	4.00	2.92
990919010	电焊条烘干箱	容量（cm^3）	45×35×45	8 ~ 10	4600	5	120	1200	1	780	211	4.00	1.73
990919020			55×45×55	8 ~ 10	6600	5	120	1200	1	1110	211	4.00	1.73
990919030			60×50×75	8 ~ 10	8500	5	120	1200	1	1430	211	4.00	1.73
990919040			80×80×100	8 ~ 10	12800	5	120	1200	1	2150	211	4.00	1.73
990919050			75×105×135	8 ~ 10	13700	5	120	1200	1	2320	211	4.00	1.73

十、动力机械

编码	机械名称	性能规格		折旧年限	预算价格	残值率	年工作台班	耐用总台班	检修次数	一次检修费	一次安拆费及场外运费	年平均安拆次数	K值
				年	元	%	台班	台班	次	元	元	次	
991001010	汽油发电机组	功率（kW）	3	11 ~ 18	4800	5	180	2250	2	580	817	4.00	3.86
991001020			6	11 ~ 18	11300	5	180	2250	2	1390	817	4.00	3.86
991001030			10	11 ~ 18	18900	5	180	2250	2	2340	817	4.00	3.86
991002005	柴油发电机组		30	11 ~ 18	38600	5	150	2250	2	4770	817	4.00	3.26
991002010			50	11 ~ 18	43800	5	150	2250	2	5420	817	4.00	3.26
991002015			60	11 ~ 18	47700	5	150	2250	2	5900	817	4.00	3.26
991002020			75	11 ~ 18	51600	5	150	2250	2	6380	817	4.00	3.26
991002025			90	11 ~ 18	54100	5	150	2250	2	6690	817	4.00	3.26
991002030			100	11 ~ 18	57000	5	150	2250	2	7040	817	4.00	3.26
991002035			120	11 ~ 18	72500	5	150	2250	2	8970	817	4.00	3.26
991002040			150	11 ~ 18	92400	5	150	2250	2	11430	817	4.00	3.26
991002045			200	11 ~ 18	147000	5	150	2250	2	18170	817	4.00	3.26
991002050			300	11 ~ 18	216600	5	150	2250	2	25110	817	4.00	2.73
991002055			400	11 ~ 18	222700	5	150	2250	2	25820	817	4.00	2.73
991003010	电动空气压缩机	排气量（m^3/min）	0.3	8 ~ 10	2300	5	200	1980	2	400	817	4.00	4.78
991003020			0.6	8 ~ 10	3000	5	200	1980	2	520	817	4.00	4.78
991003030			1	8 ~ 10	4500	5	200	1980	2	750	817	4.00	4.78
991003040			3	8 ~ 10	28500	5	200	1980	2	4800	817	4.00	2.11

续表

编码	机械名称	性能规格		折旧年限	预算价格	残值率	年工作台班	耐用总台班	检修次数	一次检修费	一次安拆费及场外运费	年平均安拆次数	*K* 值
				年	元	%	台班	台班	次	元	元	次	
991003050	电动空气压缩机	排气量（m³/min）	6	8 ~ 10	43800	5	200	1980	2	7380	817	4.00	2.11
991003060			9	8 ~ 10	62900	5	200	1980	2	10610	817	4.00	2.11
991003070			10	8 ~ 10	64100	5	200	1980	2	10800	817	4.00	2.11
991003080			20	8 ~ 10	120200	5	200	1980	2	20250	1427	4.00	2.11
991003090			40	8 ~ 10	278100	5	200	1980	2	43980	1427	4.00	1.65
991004010	内燃空气压缩机		3	8 ~ 10	34900	5	200	1980	2	7460	817	4.00	3.32
991004020			6	8 ~ 10	60200	5	200	1980	2	12860	817	4.00	3.32
991004030			9	8 ~ 10	76900	5	200	1980	2	16410	817	4.00	3.32
991004040			12	8 ~ 10	92200	5	200	1980	2	19680	817	4.00	3.32
991004050			17	8 ~ 10	111300	5	200	1980	2	23750	1427	4.00	3.32
991004060			30	8 ~ 10	261500	5	200	1980	2	41340	1427	4.00	3.32
991004070			40	8 ~ 10	276900	5	200	1980	2	55450	1427	4.00	2.38
991005010	无油空气压缩机		9	8 ~ 10	102100	5	200	1980	2	21800	1427	4.00	1.38
991005020			20	8 ~ 10	242100	5	200	1980	2	48480	1427	4.00	1.38
991006010	工业锅炉	蒸发量（t/h）	1	8 ~ 10	122400	5	200	1600	1	21990	4013	4.00	0.52
991006020			2	8 ~ 10	133800	5	200	1600	1	24060	4013	4.00	0.52
991006030			4	8 ~ 10	216700	5	200	1600	1	36550	4013	4.00	0.52

十一、地下工程机械

编码	机械名称	性能规格		折旧年限	预算价格	残值率	年工作台班	耐用总台班	检修次数	一次检修费	一次安拆费及场外运费	年平均安拆次数	K值
				年	元	%	台班	台班	次	元	元	次	
991101010	干式出土盾构掘进机	直径（mm）	3500	8 ~ 10	1572300	5	250	2250	1	298310			1.73
991101020			4000	8 ~ 10	2240500	5	250	2250	1	418110			1.73
991101030			5000	8 ~ 10	2354500	5	250	2250	1	439380			1.73
991101040			6000	8 ~ 10	2858500	5	250	2250	1	533430			1.73
991101050			7000	8 ~ 10	3121700	5	250	2250	1	582550			1.73
991101060			10000	8 ~ 10	5505700	5	250	2250	1	1027440			1.73
991101070			12000	8 ~ 10	7272500	5	250	2250	1	1357160			1.73
991102010	水力出土盾构掘进机		3500	8 ~ 10	1799200	5	250	2250	1	303430			1.70
991102020			5000	8 ~ 10	2531500	5	250	2250	1	419930			1.70
991102030			6000	8 ~ 10	3106700	5	250	2250	1	515340			1.70
991102040			7000	8 ~ 10	3295100	5	250	2250	1	546590			1.70
991102050			10000	8 ~ 10	5973100	5	250	2250	1	990820			1.70
991102060			12000	8 ~ 10	9895000	5	250	2250	1	1641390			1.70
991103010	气压平衡式盾构掘进机		3500	8 ~ 10	3386900	5	225	2250	1	561830			1.53
991103020			5000	8 ~ 10	3842700	5	225	2250	1	637420			1.53
991103030			7000	8 ~ 10	5155300	5	225	2250	1	855160			1.53
991104010	刀盘式干出土土压平衡盾构掘进机		3500	8 ~ 10	2882400	5	225	2250	1	537900			1.73
991104020			4000	8 ~ 10	3056500	5	225	2250	1	570400			1.73
991104030			5000	8 ~ 10	4837500	5	225	2250	1	902750			1.73

续表

编码	机械名称	性能规格		折旧年限	预算价格	残值率	年工作台班	耐用总台班	检修次数	一次检修费	一次安拆费及场外运费	年平均安拆次数	K值
				年	元	%	台班	台班	次	元	元	次	
991104040	刀盘式干出土土压平衡盾构掘进机	直径（mm）	6000	8 ~ 10	5563800	5	225	2250	1	1038280			1.73
991104050			7000	8 ~ 10	6036500	5	225	2250	1	1126520			1.73
991104060			10000	8 ~ 10	15282700	5	225	2250	1	2851980			1.73
991104070			12000	8 ~ 10	19649200	5	225	2250	1	3666830			1.73
991105010	刀盘式水力出土泥水平衡盾构掘进机		3500	8 ~ 10	3299500	5	225	2250	1	615740			1.70
991105020			5000	8 ~ 10	5057600	5	225	2250	1	943820			1.70
991105030			6000	8 ~ 10	5753000	5	225	2250	1	1044030			1.70
991105040			7000	8 ~ 10	6421200	5	225	2250	1	1198300			1.70
991105050			10000	8 ~ 10	16418400	5	225	2250	1	3063910			1.70
991105060			12000	8 ~ 10	20749700	5	225	2250	1	3872190			1.70
991106010	盾构同步压浆泵	D2.1m × 7m		8 ~ 10	312100	5	140	1120	1	39480	1427	4.00	1.17
991107010	盾构医疗闸设备	D2.1m × 7m		8 ~ 10	172800	5	200	2000	1	23290	1427	4.00	2.21
991108010	垂直顶升设备			8 ~ 10	312400	5	150	1500	1	39520	1427	4.00	1.96
991109010	履带式抓斗成槽机	槽宽（mm）	600	10 ~ 14	1650300	5	220	2625	2	191350			1.41
991109020			800	10 ~ 14	2858500	5	220	2625	2	325990			1.41
991109030			1000	10 ~ 14	3279300	5	220	2625	2	373940			1.41
991109040			1200	10 ~ 14	4309300	5	220	2625	2	491440			1.41
991110010	导杆式液压抓斗成槽机			10 ~ 14	4896500	5	220	2625	2	558400			1.41
991111010	井架式液压抓斗成槽机			10 ~ 14	306300	5	220	2625	2	35510			4.90

续表

编码	机械名称	性能规格		折旧年限	预算价格	残值率	年工作台班	耐用总台班	检修次数	一次检修费	一次安拆费及场外运费	年平均安拆次数	*K* 值
				年	元	%	台班	台班	次	元	元	次	
991112010	超声波测壁机			5 ~ 10	33000	5	150	900	2	4080	211	4.00	1.65
991113010	泥浆制作循环设备			10 ~ 14	1096900	5	175	1750	1	69380	4013	4.00	1.51
991114010	锁口管顶升机			10 ~ 14	72700	5	150	1500	1	7350	211	4.00	4.39
991115010	潜水电钻	75 型		8 ~ 10	24100	5	100	800	1	1630	478	4.00	2.32
991115020	潜水电钻	80 型		8 ~ 10	31300	5	100	800	1	2110	478	4.00	2.32
991116010	工程地质液压钻机			8 ~ 10	54400	5	150	1400	1	5510	478	4.00	1.07
991117005	刀盘式土压平衡顶管掘进机	管径（mm）	1400	8 ~ 10	756200	5	225	2250	1	119560			1.84
991117010	刀盘式土压平衡顶管掘进机	管径（mm）	1650	8 ~ 10	774300	5	225	2250	1	122440			1.84
991117015	刀盘式土压平衡顶管掘进机	管径（mm）	1800	8 ~ 10	989500	5	225	2250	1	156450			1.84
991117020	刀盘式土压平衡顶管掘进机	管径（mm）	2000	8 ~ 10	1105700	5	225	2250	1	174830			1.84
991117025	刀盘式土压平衡顶管掘进机	管径（mm）	2200	8 ~ 10	1194600	5	225	2250	1	188890			1.84
991117030	刀盘式土压平衡顶管掘进机	管径（mm）	2400	8 ~ 10	2163000	5	225	2250	1	336370			1.84
991117035	刀盘式土压平衡顶管掘进机	管径（mm）	2460	8 ~ 10	2312700	5	225	2250	1	359640			1.84
991117040	刀盘式土压平衡顶管掘进机	管径（mm）	2600	8 ~ 10	2361100	5	225	2250	1	367180			1.84
991117045	刀盘式土压平衡顶管掘进机	管径（mm）	2800	8 ~ 10	2417400	5	225	2250	1	375940			1.84
991117050	刀盘式土压平衡顶管掘进机	管径（mm）	3000	8 ~ 10	2594400	5	225	2250	1	403450			1.84
991118005	刀盘式泥水平衡顶管掘进机	管径（mm）	600	8 ~ 10	663800	5	225	2250	1	104960			1.84
991118010	刀盘式泥水平衡顶管掘进机	管径（mm）	800	8 ~ 10	672600	5	225	2250	1	106340			1.84
991118015	刀盘式泥水平衡顶管掘进机	管径（mm）	1000	8 ~ 10	689300	5	225	2250	1	108990			1.84

续表

编码	机械名称	性能规格		折旧年限	预算价格	残值率	年工作台班	耐用总台班	检修次数	一次检修费	一次安拆费及场外运费	年平均安拆次数	K 值
				年	元	%	台班	台班	次	元	元	次	
991118020	刀盘式泥水平衡顶管掘进机	管径（mm）	1200	8 ~ 10	763300	5	225	2250	1	120680			1.84
991118025			1400	8 ~ 10	814300	5	225	2250	1	128760			1.84
991118030			1600	8 ~ 10	1100400	5	225	2250	1	173990			1.84
991118035			1800	8 ~ 10	1352200	5	225	2250	1	213800			1.84
991118040			2000	8 ~ 10	1713100	5	225	2250	1	270870			1.84
991118045			2200	8 ~ 10	2163000	5	225	2250	1	336370			1.84
991118050			2400	8 ~ 10	2505500	5	225	2250	1	389630			1.84
991118055			2600	8 ~ 10	2883100	5	225	2250	1	448360			1.84
991118060			3000	8 ~ 10	3015200	5	225	2250	1	468900			1.84
991119010	挤压法顶管设备		1000	8 ~ 10	47300	5	225	2250	1	7970	211	4.00	2.74
991119020			1200	8 ~ 10	54800	5	225	2250	1	9240	211	4.00	2.74
991119030			1400	8 ~ 10	56300	5	225	2250	1	9480	211	4.00	2.74
991119040			1500	8 ~ 10	65300	5	225	2250	1	11010	211	4.00	2.74
991119050			1650	8 ~ 10	78800	5	225	2250	1	13280	211	4.00	2.74
991119060			1800	8 ~ 10	119200	5	225	2250	1	20090	211	4.00	2.74
991119070			2000	8 ~ 10	122900	5	225	2250	1	20710	211	4.00	2.74
991119080			2200	8 ~ 10	169000	5	225	2250	1	28480	211	4.00	2.74
991119090			2400	8 ~ 10	245200	5	225	2250	1	38760	211	4.00	2.74
991120010	遥控顶管掘进机		800	8 ~ 10	1905900	5	225	2250	1	301350	1427	4.00	1.84

续表

编码	机械名称	性能规格		折旧年限	预算价格	残值率	年工作台班	耐用总台班	检修次数	一次检修费	一次安拆费及场外运费	年平均安拆次数	*K* 值
				年	元	%	台班	台班	次	元	元	次	
991120020	遥控顶管掘进机	管径（mm）	1200	8 ~ 10	2089900	5	225	2250	1	325010	1427	4.00	1.84
991120030			1350	8 ~ 10	2264200	5	225	2250	1	352120	1427	4.00	1.84
991120040			1650	8 ~ 10	2416500	5	225	2250	1	375800	1427	4.00	1.84
991120050			1800	8 ~ 10	2678000	5	225	2250	1	416470	1427	4.00	1.84
991121010	人工挖土法顶管设备		1200	8 ~ 10	22800	5	225	2250	1	3830	211	4.00	4.36
991121020			1650	8 ~ 10	28600	5	225	2250	1	4820	211	4.00	4.36
991121030			2000	8 ~ 10	30500	5	225	2250	1	5150	211	4.00	4.36
991121040			2460	8 ~ 10	31000	5	225	2250	1	5220	211	4.00	4.36
991122010	液压柜（动力系统）			8 ~ 10	14500	5	225	2250	1	1470	211	4.00	5.40
991123010	悬臂式掘进机	功率（kW）	318	8 ~ 10	11268400	5	225	2250	1	178020			1.84
991124010	轨道车		120	10 ~ 14	420800	5	235	2814	2	53230			2.71
991124020			210	10 ~ 14	677000	5	235	2814	2	85630			2.71
991124030			290	10 ~ 14	770300	5	235	2814	2	97430			2.71
991125010	电力机车			10 ~ 14	1901500	5	235	2814	2	240520			2.71
991126010	动力稳定车			10 ~ 14	6545300	5	235	2814	2	814300			2.71
991127010	配砟整形车	工作能力（m/h）	1200	10 ~ 14	2332900	5	235	2814	2	290240			2.71
991128010	起拔道捣固车		1100	10 ~ 14	7852600	5	235	2814	2	976950			2.71
991129010	电气化安装作业车			10 ~ 14	1338100	5	235	2814	2	169260			2.71
991130010	移动式焊轨机组			10 ~ 14	7703000	5	235	2814	2	958330			2.71

十二、其 他 机 械

编码	机械名称	性能规格		折旧年限	预算价格	残值率	年工作台班	耐用总台班	检修次数	一次检修费	一次安拆费及场外运费	年平均安拆次数	K 值
				年	元	%	台班	台班	次	元	元	次	
991201010	轴流通风机	功率（kW）	7.5	8 ~ 10	2800	5	100	1000	1	470	211	4.00	2.52
991201020			30	8 ~ 10	8500	5	100	1000	1	1430	211	4.00	2.52
991201030			100	8 ~ 10	18900	5	100	1000	1	3190	211	4.00	1.87
991201040			150	8 ~ 10	85800	5	100	1000	1	14470	211	4.00	1.87
991201050			220	8 ~ 10	103200	5	100	1000	1	17390	211	4.00	1.87
991202010	离心通风机	能力（m^3/min）	1300	8 ~ 10	8300	5	120	1000	1	1770	211	4.00	1.87
991202020			1800	8 ~ 10	9400	5	120	1000	1	2000	211	4.00	1.87
991202030			2500	8 ~ 10	14700	5	120	1000	1	3140	211	4.00	1.25
991202040			3200	8 ~ 10	18900	5	120	1000	1	4020	211	4.00	1.25
991203010	吹风机		4	8 ~ 10	4600	5	100	1000	1	770	211	4.00	2.52
991204010	鼓风机		8	8 ~ 10	4100	5	100	1000	1	700	211	4.00	2.42
991204020			18	8 ~ 10	13500	5	100	1000	1	2270	211	4.00	2.42
991204030			50	8 ~ 10	25000	5	100	1000	1	4210	211	4.00	2.42
991204040			129	8 ~ 10	33000	5	100	1000	1	5570	211	4.00	2.42

续表

编码	机械名称	性能规格		折旧年限	预算价格	残值率	年工作台班	耐用总台班	检修次数	一次检修费	一次安拆费及场外运费	年平均安拆次数	*K* 值
				年	元	%	台班	台班	次	元	元	次	
991204050	鼓风机	能力（m^3/min）	700	8 ~ 10	320900	5	100	1000	1	50740	211	4.00	2.42
991205010	反吸式除尘机	D2-FX1		8 ~ 10	28600	5	150	1200	1	4810	211	4.00	1.13
991206010	组合烘箱			8 ~ 10	20900	5	150	1200	1	3510	211	4.00	1.03
991207010	箱式加热炉	功率（kW）	45	8 ~ 10	14300	5	125	1000	1	800	211	4.00	1.06
991207020			50	8 ~ 10	23200	5	125	1000	1	1300	211	4.00	1.06
991207030			75	8 ~ 10	21700	5	125	1000	1	1220	211	4.00	1.06
991208010	硅整流充电机	90A/190V		8 ~ 10	11000	5	150	1500	1	620	211	4.00	3.16
991209010	真空滤油机	能力（L/h）	6000	8 ~ 10	151400	5	100	800	1	8510	211	4.00	3.20
991210010	潜水设备			8 ~ 10	22600	5	120	960	1	3810	211	4.00	14.00
991211010	潜水减压仓			8 ~ 10	134400	5	180	1440	1	22650	478	4.00	3.23
991212010	通井机	功率（kW）	66	10 ~ 14	171800	5	200	2250	2	23170			2.70
991213010	高压压风机车		300	10 ~ 14	497100	5	170	2250	2	62880			2.80
991214010	井点降水钻机			10 ~ 14	2500	5	120	1200	2	520	211	4.00	2.41

附录B　施工机械台班参考单价

说　　明

一、《施工机械台班参考单价》（以下简称参考单价）是按照《建设工程施工机械台班费用编制规则》（增值税版）（以下简称编制规则）的规定和附录 A 施工机械基础数据以及相关施工机械技术基础数据进行修编的。参考单价可作为确定建设工程施工机械台班单价的参考。

二、参考单价包括：土石方及筑路机械、桩工机械、起重机械、水平运输机械、垂直运输机械、混凝土及砂浆机械、加工机械、泵类机械、焊接机械、动力机械、地下工程机械和其他机械共计 12 类 953 个项目及单独计算的费用。

三、参考单价选用当前技术先进的国产和进口施工机械设置项目。

四、参考单价收列价值在 2000 元（含）以上、使用期限超过一年的施工机械。

五、参考单价每台班是按八小时工作制计算的。

六、参考单价由折旧费、检修费、维护费、安拆费及场外运费、燃料动力费、人工费和其他费组成。

七、参考单价所用的基础数据根据编制规则和有关数据资料确定，各项费用均不包含增值税可抵扣进项税额的价格。

1. 机械原值是通过编制期全国施工机械展销会厂商报价、《机电产品报价手册》、全国有关机械生产厂家函调价格、施工企业提供的机械购入账面实际价格及其他相关单位提供的基础材料等综合测算确定的。

2. 机械的检修费为不含税价格，自行检修比例、委外检修比例按照施工机械自行检修（维护）及委外检修（维护）比例表相应数据，税率按 17% 计算。

施工机械自行检修（维护）及委外检修（维护）比例表

机　型	检修（维护）费	
	自行检修（维护）比例（%）	委外检修（维护）比例（%）
特型	10	90
大型	20	80
中、小型	60	40

（1）特型指不含税原值在 200 万元及以上的机械。

（2）大型指不含税原值在 20 万元及以上的机械。

（3）中、小型指不含税原值在 20 万元以下的机械。

3. 机械的维护费为不含税价格。

（1）按编制规则第 4.3.1 条计算维护费的，自行维护比例和委外维护比例按照施工机械自行检修（维护）及委外检修（维护）比例表相应数据，税率按 17% 计算。

（2）按编制规则第 4.3.8 条计算维护费的，检修费按本说明第七条第 2 款数据计算。

4. 计入台班的安拆费及场外运费是根据不同机械型号、质量、体积进行分类，并按测定的人工、材料、机械的消耗量计算出的费用。

八、参考单价的人工单价按照住房城乡建设部建标造〔2013〕47 号文件的要求综合确定。

九、参考单价人工费计算中年制度工作日是按现行劳动制度 250 日计算的。

十、参考单价的燃料动力单价及其他材料单价采用北京市 2013 年不含税价格，相应税率参见材料税率表。

不含税材料价格 = 含税材料价格 ÷（1+ 税率）

材料税率表

<table>
<tr><th>名　称</th><th>单　位</th><th>不含税材料价格（元）</th><th>税　率（%）</th></tr>
<tr><td>汽油</td><td>kg</td><td>6.46</td><td rowspan="16">17</td></tr>
<tr><td>柴油</td><td>kg</td><td>7.68</td></tr>
<tr><td>电</td><td>kW·h</td><td>0.84</td></tr>
<tr><td>煤</td><td>kg</td><td>0.65</td></tr>
<tr><td>木柴</td><td>kg</td><td>0.15</td></tr>
<tr><td>钢筋 $D10$ 以内</td><td>t</td><td>3222.00</td></tr>
<tr><td>钢筋 $D10$ 以外</td><td>t</td><td>3316.00</td></tr>
<tr><td>组合钢模板</td><td>kg</td><td>3.70</td></tr>
<tr><td>木模板</td><td>m^3</td><td>1432.90</td></tr>
<tr><td>枕木</td><td>m^3</td><td>896.00</td></tr>
<tr><td>轨道</td><td>kg</td><td>3.49</td></tr>
<tr><td>零星卡具</td><td>kg</td><td>4.23</td></tr>
<tr><td>带帽螺栓</td><td>套</td><td>0.25</td></tr>
<tr><td>镀锌铁丝</td><td>kg</td><td>7.72</td></tr>
<tr><td>橡胶板</td><td>m^2</td><td>18.50</td></tr>
<tr><td>草袋</td><td>m^2</td><td>1.65</td></tr>
<tr><td>水</td><td>m^3</td><td>6.03</td><td rowspan="3">3</td></tr>
<tr><td>预拌混凝土 AC30</td><td>m^3</td><td>330.00</td></tr>
<tr><td>石子</td><td>m^3</td><td>58.00</td></tr>
</table>

十一、参考单价中未包括其他费。

十二、参考单价的盾构掘进机械台班费中未包括安拆费及场外运费、燃料动力费和人工费。

十三、顶管设备台班参考单价中未包括人工费。

十四、燃油消耗量已包括加油及油料过滤损耗,电消耗量已包括由变电所或配电车间至机械之间线路的电力损失。

十五、单独计算费用的说明:

1. 单独计算的费用包括:塔式起重机及施工电梯基础、部分施工机械的安拆费及场外运费。

2. 塔式起重机基础及轨道安拆费用中轨道以直线形为准,如铺设弧线形,乘以系数 1.15。

3. 固定式基础适用于混凝土体积在 $10m^3$ 以内的塔式起重机基础或施工电梯基础。

4. 塔式起重机及施工电梯基础未包括打桩。

5. 轨道和枕木之间增加其他型钢或钢板的轨道、自升式塔式起重机行走轨道、不带配重的自升塔式起重机固定式基础、混凝土搅拌站的基础另按实际考虑。

6. 安拆费用是安装、拆卸的一次性费用,未包括地基加固的处理费用。

7. 安拆费中已包括机械安装后的试运转费用。

8. 安拆费中自升式塔式起重机安拆费是以塔高 45m 确定,如塔高超过 45m 且檐高在 200m 以内,塔高每增高 10m 费用增加 10%,尾数不足 10m 按 10m 计算。

9. 场外运费已包括机械的回程费用。

10. 场外运费为运距 30km 以内的机械进出场费用。

一、土石方及筑路机械

编码	机械名称	性能规格		台班单价	费用组成							人工及燃料动力用量						
					折旧费	检修费	维护费	安拆费及场外运费	人工费	燃料动力费	其他费	人工	汽油	柴油	电	煤	木柴	水
				元	元	元	元	元	元	元	元	工日	kg	kg	kW·h	kg	kg	m^3
												103.63	6.46	7.68	0.84	0.65	0.15	6.03
990101005	履带式推土机	功率(kW)	50	**600.16**	25.84	11.62	30.21		259.08	273.41		2.00		35.60				
990101010			60	**668.22**	29.26	13.15	34.19		259.08	332.54		2.00		43.30				
990101015			75	**902.96**	80.22	36.04	93.70		259.08	433.92		2.00		56.50				
990101020			90	**979.75**	106.23	44.79	116.45		259.08	453.20		2.00		59.01				
990101025			105	**1032.08**	121.56	51.25	133.25		259.08	466.94		2.00		60.80				
990101030			120	**1146.28**	155.00	65.36	169.94		259.08	496.90		2.00		64.70				
990101035			135	**1204.99**	171.93	72.49	188.47		259.08	513.02		2.00		66.80				
990101040			165	**1505.48**	240.33	101.33	263.46		259.08	641.28		2.00		83.50				
990101045			240	**1935.50**	327.56	138.12	277.62		259.08	933.12		2.00		121.50				
990101050			320	**2393.59**	404.40	170.51	315.44		259.08	1244.16		2.00		162.00				
990102010	湿地推土机		105	**1031.66**	137.14	48.70	119.80		259.08	466.94		2.00		60.80				
990102020			135	**1259.82**	218.84	77.71	191.17		259.08	513.02		2.00		66.80				
990102030			165	**1506.30**	271.91	96.54	237.49		259.08	641.28		2.00		83.50				
990103010	履带式松土机	松土深度(mm)	500	**1031.28**	103.26	36.63	105.49	114.66	370.11	301.13		2.00		39.21				
990103020			1000	**1154.53**	110.15	36.67	105.61	114.66	370.11	417.33		2.00		54.34				
990104010	履带式除根机	清除宽度(mm)	1500	**1035.96**	53.50	18.99	54.69	114.66	370.11	424.01		2.00		55.21				
990105010	履带式除荆机		4000	**1015.58**	83.65	29.66	85.42	114.66	370.11	332.08		2.00		43.24				

续表

编码	机械名称	性能规格		台班单价	费用组成							人工及燃料动力用量						
					折旧费	检修费	维护费	安拆费及场外运费	人工费	燃料动力费	其他费	人工	汽油	柴油	电	煤	木柴	水
				元	元	元	元	元	元	元	元	工日	kg	kg	kW·h	kg	kg	m^3
												103.63	6.46	7.68	0.84	0.65	0.15	6.03
990106010	履带式单斗液压挖掘机	斗容量(m^3)	0.6	**800.27**	164.92	43.57	97.60		235.52	258.66		2.00		33.68				
990106020			0.8	**1056.46**	200.24	75.54	159.39		235.52	385.77		2.00		50.23				
990106030			1	**1174.29**	209.33	78.97	166.63		235.52	483.84		2.00		63.00				
990106040			1.25	**1380.88**	250.55	94.51	199.42		235.52	600.88		2.00		78.24				
990106050			1.6	**1466.30**	278.78	105.17	221.91		235.52	624.92		2.00		81.37				
990106060			1.8	**1516.08**	295.50	111.48	235.22		235.52	638.36		2.00		83.12				
990106070			2	**1537.71**	297.78	112.34	237.04		235.52	655.03		2.00		85.29				
990106080			2.5	**1656.58**	313.08	118.11	249.21		235.52	740.66		2.00		96.44				
990106090			3	**1812.03**	374.35	141.23	298.00		235.52	762.93		2.00		99.34				
990107010	履带式单斗机械挖掘机		1	**1072.72**	189.89	71.63	199.13		235.52	376.55		2.00		49.03				
990107020			1.5	**1313.51**	202.96	83.78	232.91		235.52	558.34		2.00		72.70				
990108010	轮胎式单斗液压挖掘机		0.2	**457.18**	44.26	19.89	52.91		107.95	232.17		1.00		30.23				
990108020			0.4	**482.67**	52.19	23.45	62.38		107.95	236.70		1.00		30.82				
990108030			0.6	**494.47**	55.43	24.91	66.26		107.95	239.92		1.00		31.24				
990109010	挖掘装载机		0.3	**568.94**	81.73	27.20	72.35		107.95	279.71		1.00		36.42				
990109020			0.35	**655.23**	113.53	37.81	100.57		107.95	295.37		1.00		38.46				
990110010	轮胎式装载机		0.5	**543.28**	29.27	10.38	36.95		107.95	358.73		1.00		46.71				

续表

编码	机械名称	性能规格		台班单价	费用组成							人工及燃料动力用量						
					折旧费	检修费	维护费	安拆费及场外运费	人工费	燃料动力费	其他费	人工	汽油	柴油	电	煤	木柴	水
				元	元	元	元	元	元	元	元	工日	kg	kg	kW·h	kg	kg	m^3
												103.63	6.46	7.68	0.84	0.65	0.15	6.03
990110020	轮胎式装载机	斗容量（m^3）	1	**594.59**	31.19	11.07	39.41		107.95	404.97		1.00		52.73				
990110030			1.5	**706.65**	56.35	19.99	71.16		107.95	451.20		1.00		58.75				
990110040			2	**794.37**	63.91	26.67	94.95		107.95	500.89		1.00		65.22				
990110050			2.5	**883.11**	78.76	26.22	93.34		107.95	576.84		1.00		75.11				
990110060			3	**1145.25**	114.61	38.14	135.78		215.90	640.82		2.00		83.44				
990110070			3.5	**1230.31**	120.59	40.14	142.90		215.90	710.78		2.00		92.55				
990110080			5	**1437.95**	142.50	47.42	168.82		215.90	863.31		2.00		112.41				
990111010	自行式铲运机		3	**890.16**	110.25	36.28	97.23		323.84	322.56		2.00		42.00				
990111020			4	**1024.47**	158.18	52.03	139.44		323.84	350.98		2.00		45.70				
990111030			6	**1089.62**	167.81	54.95	147.27		323.84	395.75		2.00		51.53				
990111040			7	**1126.26**	172.57	56.52	151.47		323.84	421.86		2.00		54.93				
990111050			8	**1162.68**	176.88	57.94	155.28		323.84	448.74		2.00		58.43				
990111060			10	**1229.12**	181.39	60.37	161.79		323.84	501.73		2.00		65.33				
990111070			12	**1339.64**	216.60	72.11	193.25		323.84	533.84		2.00		69.51				
990111080			16	**1573.93**	260.17	86.60	232.09		323.84	671.23		2.00		87.40				
990112010	拖式铲运机		3	**658.25**	20.77	10.31	33.92		323.84	269.41		2.00		35.08				
990112020			7	**989.50**	67.79	33.67	110.77		323.84	453.43		2.00		59.04				

续表

编码	机械名称	性能规格		台班单价	费用组成							人工及燃料动力用量						
					折旧费	检修费	维护费	安拆费及场外运费	人工费	燃料动力费	其他费	人工	汽油	柴油	电	煤	木柴	水
				元	元	元	元	元	元	元	元	工日	kg	kg	kW·h	kg	kg	m^3
												103.63	6.46	7.68	0.84	0.65	0.15	6.03
990112030	拖式铲运机	斗容量（m^3）	10	**1114.47**	83.40	41.42	136.27		323.84	529.54		2.00		68.95				
990112040			12	**1199.48**	96.11	47.73	157.03		323.84	574.77		2.00		74.84				
990113010	平地机	功率（kW）	75	**667.46**	91.41	30.43	104.98		259.08	181.56		2.00		23.64				
990113020			90	**771.07**	96.65	32.17	110.99		259.08	272.18		2.00		35.44				
990113030			120	**999.41**	128.23	42.68	147.25		259.08	422.17		2.00		54.97				
990113040			132	**1083.51**	144.61	48.13	166.05		259.08	465.64		2.00		60.63				
990113050			150	**1202.27**	169.69	56.48	194.86		259.08	522.16		2.00		67.99				
990113060			180	**1401.96**	207.65	69.11	238.43		259.08	627.69		2.00		81.73				
990113070			220	**1644.85**	256.46	85.37	294.53		259.08	749.41		2.00		97.58				
990114010	履带式拖拉机		50	**593.75**	22.76	7.54	20.21		259.08	284.16		2.00		37.00				
990114020			60	**650.17**	24.32	8.05	21.57		259.08	337.15		2.00		43.90				
990114030			75	**839.29**	50.46	30.55	81.87		259.08	417.33		2.00		54.34				
990114040			90	**966.17**	93.52	43.58	116.79		259.08	453.20		2.00		59.01				
990114050			105	**1030.03**	98.67	45.99	123.25		259.08	503.04		2.00		65.50				
990114060			120	**1144.91**	114.13	53.18	142.52		259.08	576.00		2.00		75.00				
990114070			135	**1197.34**	117.25	54.64	146.44		259.08	619.93		2.00		80.72				
990114080			165	**1373.21**	165.68	77.21	206.92		259.08	664.32		2.00		86.50				

续表

编码	机械名称	性能规格		台班单价	费用组成							人工及燃料动力用量						
					折旧费	检修费	维护费	安拆费及场外运费	人工费	燃料动力费	其他费	人工	汽油	柴油	电	煤	木柴	水
				元	元	元	元	元	元	元	元	工日	kg	kg	kW·h	kg	kg	m^3
												103.63	6.46	7.68	0.84	0.65	0.15	6.03
990115010	手扶式拖拉机	功率(kW)	9	**221.17**	6.07	2.15	4.54		129.54	78.87		1.00		10.27				
990116010	轮胎式拖拉机		21	**295.02**	14.78	5.24	11.06		129.54	134.40		1.00		17.50				
990116020			41	**448.02**	26.52	9.42	19.88		129.54	262.66		1.00		34.20				
990116030			75	**632.82**	47.90	17.00	35.87		129.54	402.51		1.00		52.41				
990117010	拖式单筒羊角碾	工作质量(t)	3	**18.66**	4.18	0.72	4.20	9.56										
990118010	拖式双筒羊角碾		6	**31.05**	7.60	1.04	6.07	16.34										
990119010	手扶式振动压实机		1	**72.86**	12.98	2.14	8.26	5.63		43.85				5.71				
990120010	钢轮内燃压路机		6	**335.03**	46.70	15.46	49.63		129.54	93.70		1.00		12.20				
990120020			8	**398.96**	49.06	16.24	52.13		129.54	151.99		1.00		19.79				
990120030			12	**532.25**	65.28	21.61	69.37		129.54	246.45		1.00		32.09				
990120040			15	**642.33**	76.42	25.30	81.21		129.54	329.86		1.00		42.95				
990120050			18	**951.41**	84.32	27.92	89.62		129.54	620.01		1.00		80.73				
990120060			20	**1078.93**	103.66	32.20	103.36		129.54	710.17		1.00		92.47				
990120070			25	**1196.72**	131.78	40.93	131.39		129.54	763.08		1.00		99.36				
990121010	轮胎压路机		9	**443.25**	31.41	10.40	41.50		129.54	230.40		1.00		30.00				
990121020			16	**712.97**	91.45	28.41	113.36		129.54	350.21		1.00		45.60				
990121030			20	**852.78**	106.70	33.15	132.27		129.54	451.12		1.00		58.74				

续表

编码	机械名称	性能规格		台班单价	费用组成							人工及燃料动力用量						
					折旧费	检修费	维护费	安拆费及场外运费	人工费	燃料动力费	其他费	人工	汽油	柴油	电	煤	木柴	水
				元	元	元	元	元	元	元	元	工日	kg	kg	kW·h	kg	kg	m^3
												103.63	6.46	7.68	0.84	0.65	0.15	6.03
990121040	轮胎压路机	工作质量(t)	26	**969.96**	120.80	37.54	149.78		129.54	532.30		1.00		69.31				
990121050			30	**1107.14**	147.19	45.72	182.42		129.54	602.27		1.00		78.42				
990122010	钢轮振动压路机		6	**410.45**	49.58	22.29	68.65		129.54	140.39		1.00		18.28				
990122020			8	**572.66**	70.07	31.48	96.96		129.54	244.61		1.00		31.85				
990122030			10	**690.14**	74.73	33.57	103.40		129.54	348.90		1.00		45.43				
990122040			12	**836.66**	93.37	39.37	121.26		129.54	453.12		1.00		59.00				
990122050			15	**1123.82**	121.87	51.38	158.25		129.54	662.78		1.00		86.30				
990122060			18	**1301.57**	129.70	54.70	168.48		129.54	819.15		1.00		106.66				
990122070			25	**1669.94**	256.95	74.76	230.26		129.54	978.43		1.00		127.40				
990123010	电动夯实机	夯击能量(N·m)	250	**28.93**	3.50	0.79	3.67	7.03		13.94					16.60			
990124010	内燃夯实机		700	**31.77**	4.13	0.93	4.32	7.03		15.36				2.00				
990125010	振动平板夯	激振力(kN)	20	**36.71**	6.38	1.42	6.59	7.03		15.29					18.20			
990126010	振动冲击夯		30	**39.66**	10.25	2.30	10.67	7.03		9.41					11.20			
990127010	强夯机械	夯击能量(kN·m)	1200	**882.98**	281.87	27.68	62.83		259.08	251.52		2.00		32.75				
990127020			2000	**1174.96**	399.19	57.58	130.71		259.08	328.40		2.00		42.76				
990127030			3000	**1477.19**	539.27	77.79	176.58		259.08	424.47		2.00		55.27				
990127040			4000	**1691.65**	617.41	89.06	202.17		259.08	523.93		2.00		68.22				

续表

编码	机械名称	性能规格		台班单价	费用组成							人工及燃料动力用量						
					折旧费	检修费	维护费	安拆费及场外运费	人工费	燃料动力费	其他费	人工	汽油	柴油	电	煤	木柴	水
				元	元	元	元	元	元	元	元	工日	kg	kg	kW·h	kg	kg	m^3
												103.63	6.46	7.68	0.84	0.65	0.15	6.03
990127050	强夯机械	夯击能量（kN·m）	5000	**1905.63**	693.83	100.08	227.18		259.08	625.46		2.00		81.44				
990128010	气腿式风动凿岩机			**14.30**	3.48	0.82	5.78	4.22										
990129010	手持式风动凿岩机			**12.25**	2.64	0.67	4.72	4.22										
990130010	手持式内燃凿岩机	凿孔深度（mm）	6	**116.61**	4.99	1.11	7.99	4.22		98.30				12.80				
990131010	轮胎式凿岩台车			**374.91**	61.03	2.74	5.12	18.16	287.86			2.00						
990132010	履带式凿岩台车			**506.49**	90.20	40.54	69.73	18.16	287.86			2.00						
990133010	锚杆钻孔机	锚杆直径（mm）	25	**1468.84**	472.04	104.76	187.52		259.08	445.44		2.00		58.00				
990133020			32	**1983.17**	734.12	162.91	291.61		259.08	535.45		2.00		69.72				
990134010	气动装岩机	斗容量（m^3）	0.12	**343.54**	15.79	7.10	14.63	18.16	287.86			2.00						
990135010	电动装岩机		0.2	**404.91**	21.04	9.45	16.07	18.16	287.86	52.33		2.00			62.30			
990135020			0.4	**442.75**	21.80	9.80	16.66	18.16	287.86	88.47		2.00			105.32			
990135030			0.5	**467.01**	25.97	11.67	19.84	18.16	287.86	103.51		2.00			123.23			
990135040			0.6	**497.51**	30.22	13.58	23.09	18.16	287.86	124.60		2.00			148.33			
990136010	立爪扒渣机			**870.29**	186.44	62.06	142.12	10.62	287.86	181.19		2.00			215.70			
990137010	梭式矿车	装载容量（m^3）	8	**729.86**	45.27	16.06	14.78	10.62	143.93	499.20		1.00		65.00				
990138010	稳定土拌合机	功率（kW）	90	**905.15**	76.93	32.75	83.19		259.08	453.20		2.00		59.01				
990138020			105	**935.70**	91.28	36.46	92.61		259.08	456.27		2.00		59.41				

续表

编码	机械名称	性能规格		台班单价	费用组成							人工及燃料动力用量						
					折旧费	检修费	维护费	安拆费及场外运费	人工费	燃料动力费	其他费	人工	汽油	柴油	电	煤	木柴	水
				元	元	元	元	元	元	元	元	工日	kg	kg	kW·h	kg	kg	m^3
												103.63	6.46	7.68	0.84	0.65	0.15	6.03
990138030	稳定土拌合机	功率（kW）	135	**1139.47**	173.15	69.16	175.67		259.08	462.41		2.00		60.21				
990138040			230	**1207.30**	195.07	77.92	197.92		259.08	477.31		2.00		62.15				
990139010	车载式碎石撒布机	撒布宽度（mm）	3000	**411.78**	23.51	4.18	12.87		161.92	209.30		1.00	32.40					
990140010	汽车式沥青喷洒机	箱容量（L）	4000	**695.24**	109.27	46.52	78.62		259.08	201.75		1.00	31.23					
990140020			7500	**985.15**	191.77	84.34	142.53		259.08	307.43		1.00		40.03				
990141010	沥青混凝土拌合站	生产率（t/h）	10	**1730.34**	46.36	19.73	50.11		259.08	1355.06		2.00		176.44				
990141020			15	**2035.96**	103.70	41.42	105.21		259.08	1526.55		2.00		198.77				
990141030			20	**2265.68**	120.42	48.11	122.20		259.08	1715.87		2.00		223.42				
990141040			30	**2668.44**	143.09	57.16	145.19		259.08	2063.92		2.00		268.74				
990141050			60	**3809.06**	249.79	99.78	253.44		259.08	2946.97		2.00		383.72				
990141060			100	**4361.13**	318.19	127.09	322.81		259.08	3333.96		2.00		434.11				
990141070			150	**6458.35**	463.52	185.15	470.28		259.08	5080.32		2.00		661.50				
990142010	沥青混凝土摊铺机	装载质量（t）	4	**729.77**	73.04	35.17	69.28		345.43	206.85		2.00	32.02					
990142020			6	**847.78**	114.32	51.91	102.26		345.43	233.86		2.00		30.45				
990142030			8	**1168.30**	152.16	64.16	126.40		518.15	307.43		3.00		40.03				
990142040			12	**1444.00**	198.87	89.52	176.35		518.15	461.11		3.00		60.04				
990142050			13	**1842.27**	315.51	170.43	335.75		518.15	502.43		3.00		65.42				
990142060			14	**2228.61**	431.19	248.79	490.12		518.15	540.36		3.00		70.36				

续表

编码	机械名称	性能规格		台班单价	费用组成							人工及燃料动力用量						
					折旧费	检修费	维护费	安拆费及场外运费	人工费	燃料动力费	其他费	人工	汽油	柴油	电	煤	木柴	水
				元	元	元	元	元	元	元	元	工日	kg	kg	kW·h	kg	kg	m^3
												103.63	6.46	7.68	0.84	0.65	0.15	6.03
990142070	沥青混凝土摊铺机	装载质量（t）	15	**2833.05**	590.06	383.97	756.42		518.15	584.45		3.00		76.10				
990143010	路面铣刨机	宽度（mm）	300	**671.30**	51.87	11.04	34.00	31.71	143.93	398.75		1.00		51.92				
990143020			350	**857.51**	150.53	30.07	92.62	31.71	143.93	408.65		1.00		53.21				
990143030			500	**937.49**	177.70	35.41	109.06	31.71	143.93	439.68		1.00		57.25				
990143040			1000	**1058.36**	236.27	47.18	145.31	31.71	143.93	453.96		1.00		59.11				
990143050			2000	**2694.98**	1129.03	221.78	683.08	31.71	143.93	485.45		1.00		63.21				
990144010	电动路面铣刨机	功率（kW）	7.5	**261.58**	13.40	2.84	8.75	18.16	143.93	74.50		1.00		9.70				
990145010	路面再生机	宽度×深度（mm）	2300×400	**1243.80**	454.75	45.41	139.86		323.84	279.94		2.00		36.45				
990146010	汽车式路面划线机	喷涂宽度（mm）	450	**448.86**	57.79	20.50	34.65		143.93	191.99		1.00	29.72					
990147010	颚式破碎机	进料口（mm）	250×400	**261.87**	19.00	2.03	27.51		161.92	51.41		1.00			61.20			
990147020			250×500	**292.32**	27.43	2.92	39.57		161.92	60.48		1.00			72.00			
990147030			400×600	**359.68**	43.46	4.37	59.21		161.92	90.72		1.00			108.00			
990147040			500×750	**508.05**	70.54	7.51	101.76		161.92	166.32		1.00			198.00			
990147050			600×900	**653.83**	98.09	10.44	141.46		161.92	241.92		1.00			288.00			
990148010	移动式颚式破碎机		250×440	**365.25**	20.13	2.14	29.00		161.92	152.06		1.00		19.80				
990149010	履带式液压岩石破碎机	HB20G		**414.40**	117.86	12.54	33.36	35.68	161.92	53.04		1.00			63.14			
990149020		HB30G		**443.88**	134.01	13.38	35.59	35.68	161.92	63.30		1.00			75.36			
990149030		HB40G		**465.13**	144.16	14.39	38.28	35.68	161.92	70.70		1.00			84.17			

二、桩 工 机 械

编码	机械名称	性能规格		台班单价	费用组成							人工及燃料动力用量						
					折旧费	检修费	维护费	安拆费及场外运费	人工费	燃料动力费	其他费	人工	汽油	柴油	电	煤	木柴	水
				元	元	元	元	元	元	元	元	工日	kg	kg	kW·h	kg	kg	m^3
												103.63	6.46	7.68	0.84	0.65	0.15	6.03
990201010	履带式柴油打桩机	冲击质量(t)	2.5	**881.11**	243.38	24.30	47.39		225.28	340.76		2.00		44.37				
990201020			3.5	**1118.99**	410.89	38.86	75.78		225.28	368.18		2.00		47.94				
990201030			5	**1856.30**	943.46	92.67	180.71		225.28	414.18		2.00		53.93				
990201040			7	**2039.42**	1070.51	105.14	197.66		225.28	440.83		2.00		57.40				
990201050			8	**2131.49**	1131.84	111.17	209.00		225.28	454.20		2.00		59.14				
990202010	轨道式柴油打桩机		0.6	**348.66**	32.79	7.37	16.66		225.28	66.56		2.00		7.00	15.24			
990202020			0.8	**391.27**	38.25	8.60	19.44		225.28	99.70		2.00		9.00	36.40			
990202030			1.2	**668.96**	97.71	20.60	46.56		225.28	278.81		2.00		28.80	68.60			
990202040			1.8	**765.65**	119.45	25.18	56.91		225.28	338.83		2.00		33.40	98.00			
990202050			2.5	**1044.86**	213.61	44.90	101.47		225.28	459.60		2.00		46.50	122.00			
990202060			3.5	**1411.45**	358.89	75.66	170.99		225.28	580.63		2.00		56.90	171.00			
990202070			4	**1523.80**	392.46	82.74	186.99		225.28	636.33		2.00		61.70	193.42			
990202080			5	**1594.50**	400.83	84.50	190.97		225.28	692.92		2.00		66.87	213.52			
990202090			7	**1723.46**	442.31	93.25	210.75		225.28	751.87		2.00		71.42	242.10			
990203010	步履式电动打桩机	功率(kW)	45	**880.75**	149.47	41.08	135.15	69.79	225.28	259.98		2.00			309.50			
990203020			60	**1003.36**	194.22	53.87	177.23	69.79	225.28	282.97		2.00			336.87			
990203030			90	**1055.33**	215.26	59.71	196.45	69.79	225.28	288.84		2.00			343.86			

续表

编码	机械名称	性能规格		台班单价	费用组成							人工及燃料动力用量						
					折旧费	检修费	维护费	安拆费及场外运费	人工费	燃料动力费	其他费	人工	汽油	柴油	电	煤	木柴	水
				元	元	元	元	元	元	元	元	工日	kg	kg	kW·h	kg	kg	m^3
												103.63	6.46	7.68	0.84	0.65	0.15	6.03
990203040	步履式电动打桩机	功率（kW）	200	**1108.42**	230.15	63.84	210.03	69.79	225.28	309.33		2.00			368.25			
990204010	重锤打桩机	冲击质量（t）	0.6	**390.29**	88.14	3.91	7.62	69.79	112.64	108.19		1.00			128.80			
990205010	振动沉拔桩机	激振力（kN）	300	**895.61**	213.06	9.46	51.94	89.18	287.86	244.11		2.00		17.43	131.25			
990205020			400	**1075.69**	271.65	12.06	66.21	89.18	287.86	348.73		2.00		24.90	187.50			
990205030			500	**1272.84**	357.04	15.84	86.96	89.18	287.86	435.96		2.00		31.13	234.38			
990205040			600	**1411.54**	397.05	17.62	96.73	89.18	287.86	523.10		2.00		37.35	281.25			
990206005	静力压桩机	压力（kN）	900	**1130.91**	299.82	99.81	366.30		287.86	77.12		2.00			91.81			
990206010			1200	**1396.81**	393.60	131.01	480.81		287.86	103.53		2.00			123.25			
990206015			1600	**1822.12**	526.56	175.28	720.40		287.86	112.02		2.00			133.36			
990206020			2000	**2843.85**	725.24	241.40	992.15		287.86	597.20		2.00		77.76				
990206025			3000	**3337.51**	886.71	295.15	1213.07		287.86	654.72		2.00		85.25				
990206030			4000	**3640.79**	979.65	319.78	1314.30		287.86	739.20		2.00		96.25				
990206035			5000	**3712.63**	987.48	323.29	1328.72		287.86	785.28		2.00		102.25				
990206040			6000	**3817.23**	1006.48	329.52	1354.33		287.86	839.04		2.00		109.25				
990206045			8000	**3932.57**	1038.29	339.93	1397.11		287.86	869.38		2.00		113.20				
990206050			10000	**4103.64**	1066.35	349.13	1434.92		287.86	965.38		2.00		125.70				
990207010	汽车式钻机	孔径（mm）	400	**786.19**	73.80	20.95	57.61		259.08	374.75		2.00	47.40		81.60			

续表

编码	机械名称	性能规格		台班单价	费用组成							人工及燃料动力用量						
					折旧费	检修费	维护费	安拆费及场外运费	人工费	燃料动力费	其他费	人工	汽油	柴油	电	煤	木柴	水
				元	元	元	元	元	元	元	元	工日	kg	kg	kW·h	kg	kg	m^3
												103.63	6.46	7.68	0.84	0.65	0.15	6.03
990207020	汽车式钻机	孔径（mm）	1000	**944.80**	120.97	32.20	88.55		259.08	444.00		2.00		48.80	82.40			
990207030			2000	**1199.17**	143.34	38.18	105.00		259.08	653.57		2.00		76.00	83.20			
990208010	潜水钻机		800	**600.62**	46.78	16.60	44.65	80.26	259.08	153.25		2.00			182.44			
990208020			1250	**621.16**	55.23	19.60	52.72	80.26	259.08	154.27		2.00			183.66			
990208030			1500	**720.99**	88.75	29.54	79.46	80.26	259.08	183.90		2.00			218.93			
990208040			2500	**850.45**	120.97	40.26	108.30	80.26	259.08	241.58		2.00			287.60			
990209010	回旋钻机		500	**551.23**	79.28	9.38	19.51	80.26	259.08	103.72		2.00			123.48			
990209020			800	**613.97**	115.62	12.83	26.69	80.26	259.08	119.49		2.00			142.25			
990209030			1000	**639.34**	121.08	13.44	27.96	80.26	259.08	137.52		2.00			163.72			
990209040			1500	**665.65**	123.79	13.74	28.58	80.26	259.08	160.20		2.00			190.72			
990209050			2000	**725.79**	148.30	16.45	34.22	80.26	259.08	187.48		2.00			223.19			
990209060			2500	**765.02**	158.08	17.54	36.48	80.26	259.08	213.58		2.00			254.26			
990210010	螺旋钻机		400	**573.42**	98.52	4.38	27.46	80.26	259.08	103.72		2.00			123.48			
990210020			600	**640.23**	112.34	4.99	31.29	80.26	259.08	152.27		2.00			181.27			
990210030			800	**747.33**	179.12	7.95	49.85	80.26	259.08	171.07		2.00			203.65			
990210040			1200	**1055.53**	387.79	17.21	107.91	80.26	259.08	203.28		2.00			242.00			
990211010	冲击成孔机		700	**471.86**	61.48	14.54	29.23	80.26	259.08	27.27		2.00			32.46			

续表

编码	机械名称	性能规格		台班单价	费用组成							人工及燃料动力用量						
					折旧费	检修费	维护费	安拆费及场外运费	人工费	燃料动力费	其他费	人工	汽油	柴油	电	煤	木柴	水
				元	元	元	元	元	元	元	元	工日	kg	kg	kW·h	kg	kg	m^3
												103.63	6.46	7.68	0.84	0.65	0.15	6.03
990211020	冲击成孔机	孔径（mm）	1000	**509.47**	79.76	18.86	37.91	80.26	259.08	33.60		2.00			40.00			
990212010	履带式旋挖钻机		800	**1931.23**	382.87	63.72	132.54		259.08	1093.02		2.00		142.32				
990212020			1000	**2059.36**	446.04	74.24	154.42		259.08	1125.58		2.00		146.56				
990212030			1200	**2324.27**	587.27	97.74	203.30		259.08	1176.88		2.00		153.24				
990212040			1500	**2758.01**	817.76	136.10	283.09		259.08	1261.98		2.00		164.32				
990212050			1800	**3229.32**	1115.09	182.54	379.68		259.08	1292.93		2.00		168.35				
990212060			2000	**3539.37**	1300.95	212.96	442.96		259.08	1323.42		2.00		172.32				
990213010	粉喷桩机			**547.94**	98.50	8.75	17.59	80.26	259.08	83.76		2.00			99.72			
990214010	旋喷桩机	孔径（mm）	600	**535.67**	79.93	3.78	7.86	80.26	259.08	104.76		2.00			124.72			
990214020			800	**561.46**	91.79	4.07	8.47	80.26	259.08	117.79		2.00			140.23			
990214030			1200	**569.68**	97.36	4.32	8.99	80.26	259.08	119.67		2.00			142.46			
990215010	三轴搅拌桩机	轴径（mm）	650	**540.20**	147.57	13.09	37.83		235.52	106.19		2.00			126.42			
990215020			850	**707.94**	253.50	22.50	65.03		235.52	131.39		2.00			156.42			
990216010	袋装砂井机不带门架	功率（kW）	7.5	**441.37**	53.11	6.28	17.08	28.54	259.08	77.28		2.00			92.00			
990217010	袋装砂井机带门架		20	**518.88**	69.02	8.16	22.20	28.54	259.08	131.88		2.00			157.00			
990218010	气动灌浆机			**11.17**	3.17	0.38	1.99	5.63										
990219010	电动灌浆机			**27.06**	4.51	0.53	2.78	5.63		13.61					16.20			

三、起 重 机 械

编码	机械名称	性能规格		台班单价	费用组成							人工及燃料动力用量						
					折旧费	检修费	维护费	安拆费及场外运费	人工费	燃料动力费	其他费	人工	汽油	柴油	电	煤	木柴	水
				元	元	元	元	元	元	元	元	工日	kg	kg	kW·h	kg	kg	m^3
												103.63	6.46	7.68	0.84	0.65	0.15	6.03
990301010	履带式电动起重机	提升质量(t)	3	**201.14**	43.02	2.55	5.99		115.14	34.44		1.00			41.00			
990301020	履带式电动起重机	提升质量(t)	5	**218.40**	44.12	2.61	6.13		115.14	50.40		1.00			60.00			
990301030	履带式电动起重机	提升质量(t)	40	**1128.65**	466.85	25.90	60.87		230.29	344.74		2.00			410.40			
990301040	履带式电动起重机	提升质量(t)	50	**1193.39**	478.38	26.54	62.37		230.29	395.81		2.00			471.20			
990302005	履带式起重机	提升质量(t)	5	**483.98**	68.57	15.37	28.28		230.29	141.47		2.00		18.42				
990302010	履带式起重机	提升质量(t)	10	**604.62**	120.97	25.50	46.92		230.29	180.94		2.00		23.56				
990302015	履带式起重机	提升质量(t)	15	**730.20**	170.87	36.03	66.30		230.29	226.71		2.00		29.52				
990302020	履带式起重机	提升质量(t)	20	**750.76**	177.84	37.49	68.98		230.29	236.16		2.00		30.75				
990302025	履带式起重机	提升质量(t)	25	**804.90**	181.77	38.32	70.51		230.29	284.01		2.00		36.98				
990302030	履带式起重机	提升质量(t)	30	**921.72**	232.60	49.04	90.23		230.29	319.56		2.00		41.61				
990302035	履带式起重机	提升质量(t)	40	**1290.25**	459.04	96.77	178.06		230.29	326.09		2.00		42.46				
990302040	履带式起重机	提升质量(t)	50	**1412.87**	528.20	111.35	204.88		230.29	338.15		2.00		44.03				
990302045	履带式起重机	提升质量(t)	60	**1501.74**	568.69	119.89	220.60		230.29	362.27		2.00		47.17				
990302050	履带式起重机	提升质量(t)	70	**1724.12**	678.22	142.62	262.42		230.29	410.57		2.00		53.46				
990302055	履带式起重机	提升质量(t)	80	**2250.89**	970.14	200.65	369.20		230.29	480.61		2.00		62.58				
990302060	履带式起重机	提升质量(t)	90	**2655.10**	1208.02	249.86	459.74		230.29	507.19		2.00		66.04				
990302065	履带式起重机	提升质量(t)	100	**2848.26**	1308.38	270.61	497.92		230.29	541.06		2.00		70.45				

续表

编码	机械名称	性能规格		台班单价	费用组成							人工及燃料动力用量						
					折旧费	检修费	维护费	安拆费及场外运费	人工费	燃料动力费	其他费	人工	汽油	柴油	电	煤	木柴	水
				元	元	元	元	元	元	元	元	工日	kg	kg	kW·h	kg	kg	m^3
												103.63	6.46	7.68	0.84	0.65	0.15	6.03
990302070	履带式起重机	提升质量(t)	140	**3895.27**	1958.86	405.15	745.48		230.29	555.49		2.00		72.33				
990302075			150	**4031.60**	2029.50	419.76	772.36		230.29	579.69		2.00		75.48				
990302080			200	**5019.14**	2590.76	535.84	985.95		230.29	676.30		2.00		88.06				
990302085			250	**5989.03**	3140.87	649.63	1195.32		230.29	772.92		2.00		100.64				
990302090			300	**6634.34**	3486.54	721.12	1326.86		230.29	869.53		2.00		113.22				
990303010	轮胎式起重机		8	**619.36**	76.67	22.12	67.47		207.26	245.84		2.00		32.01				
990303020			16	**774.84**	133.38	38.49	117.39		207.26	278.32		2.00		36.24				
990303030			20	**965.07**	202.45	58.41	178.15		207.26	318.80		2.00		41.51				
990303040			25	**1014.68**	208.53	60.15	183.46		207.26	355.28		2.00		46.26				
990303050			40	**1266.31**	266.13	76.77	234.15		207.26	482.00		2.00		62.76				
990303060			50	**1530.78**	380.25	110.10	335.81		207.26	497.36		2.00		64.76				
990303070			60	**1695.36**	443.24	128.34	391.44		207.26	525.08		2.00		68.37				
990304004	汽车式起重机		8	**709.09**	95.30	44.42	91.95		259.08	218.34		2.00		28.43				
990304008			10	**780.83**	121.85	56.66	117.29		259.08	225.95		2.00		29.42				
990304012			12	**806.11**	128.52	59.90	123.99		259.08	234.62		2.00		30.55				
990304016			16	**917.21**	157.49	73.39	151.92		259.08	275.33		2.00		35.85				
990304020			20	**992.89**	180.54	84.13	174.15		259.08	294.99		2.00		38.41				

续表

编码	机械名称	性能规格		台班单价	费用组成							人工及燃料动力用量						
					折旧费	检修费	维护费	安拆费及场外运费	人工费	燃料动力费	其他费	人工	汽油	柴油	电	煤	木柴	水
				元	元	元	元	元	元	元	元	工日	kg	kg	kW·h	kg	kg	m^3
												103.63	6.46	7.68	0.84	0.65	0.15	6.03
990304024			25	**1050.27**	196.80	91.72	189.86		259.08	312.81		2.00		40.73				
990304028			30	**1093.64**	210.18	97.96	202.78		259.08	323.64		2.00		42.14				
990304032			32	**1227.16**	259.24	120.82	250.10		259.08	337.92		2.00		44.00				
990304036			40	**1503.57**	358.68	167.16	346.02		259.08	372.63		2.00		48.52				
990304040			50	**2452.57**	738.38	344.09	712.27		259.08	398.75		2.00		51.92				
990304044			60	**2904.84**	920.32	420.89	871.24		259.08	433.31		2.00		56.42				
990304048			70	**2992.01**	945.31	432.29	894.84		259.08	460.49		2.00		59.96				
990304052			75	**3137.46**	997.71	456.27	944.48		259.08	479.92		2.00		62.49				
990304056	汽车式起重机	提升质量（t）	80	**3688.80**	1221.02	558.39	1155.87		259.08	494.44		2.00		64.38				
990304060			90	**4217.34**	1431.04	654.44	1354.69		259.08	518.09		2.00		67.46				
990304064			100	**4656.82**	1588.27	726.34	1503.52		259.08	579.61		2.00		75.47				
990304068			110	**6700.97**	2427.19	1109.99	2297.68		259.08	607.03		2.00		79.04				
990304072			120	**7719.87**	2843.50	1300.37	2691.77		259.08	625.15		2.00		81.40				
990304076			125	**8109.34**	2955.01	1351.36	2797.32		259.08	746.57		2.00		97.21				
990304080			150	**8397.59**	3062.80	1400.66	2899.37		259.08	775.68		2.00		101.00				
990304084			160	**8827.04**	3215.22	1470.36	3043.65		259.08	838.73		2.00		109.21				
990304088			200	**9827.42**	3618.49	1654.78	3425.39		259.08	869.68		2.00		113.24				

续表

编码	机械名称	性能规格		台班单价	费用组成							人工及燃料动力用量						
					折旧费	检修费	维护费	安拆费及场外运费	人工费	燃料动力费	其他费	人工	汽油	柴油	电	煤	木柴	水
				元	元	元	元	元	元	元	元	工日	kg	kg	kW·h	kg	kg	m^3
												103.63	6.46	7.68	0.84	0.65	0.15	6.03
990305010	叉式起重机	提升质量（t）	3	**421.98**	43.20	14.30	49.62		143.93	170.93		1.00	26.46					
990305020			5	**488.01**	54.10	17.90	62.11		143.93	209.97		1.00		27.34				
990305030			6	**528.69**	65.96	21.84	75.78		143.93	221.18		1.00		28.80				
990305040			10	**738.98**	122.50	38.06	194.11		143.93	240.38		1.00		31.30				
990305050			16	**859.87**	153.31	47.64	242.96		143.93	272.03		1.00		35.42				
990305060			20	**983.47**	188.19	58.47	298.20		143.93	294.68		1.00		38.37				
990306005	自升式塔式起重机	起重力矩（kN·m）	400	**513.46**	99.64	22.11	46.43		207.26	138.02		2.00			164.31			
990306010			600	**537.31**	112.78	25.03	52.56		207.26	139.68		2.00			166.29			
990306015			800	**585.70**	140.03	31.07	65.25		207.26	142.09		2.00			169.16			
990306020			1000	**683.19**	197.36	43.79	91.96		207.26	142.82		2.00			170.02			
990306025			1250	**707.98**	204.20	45.31	95.15		207.26	156.06		2.00			185.78			
990306030			1500	**767.66**	233.35	51.78	108.74		207.26	166.53		2.00			198.25			
990306035			2500	**974.59**	322.21	71.50	150.15		207.26	223.47		2.00			266.04			
990306040			3000	**1088.66**	375.09	83.23	174.78		207.26	248.30		2.00			295.60			
990306045			4500	**1522.62**	567.61	123.89	260.17		310.89	260.06		3.00			309.60			
990306050			5000	**2470.41**	1127.84	246.17	516.96		310.89	268.55		3.00			319.70			
990307010	电动单梁起重机	提升质量（t）	5	**191.19**	39.19	4.17	9.05		107.95	30.83		1.00			36.70			

续表

编码	机械名称	性能规格		台班单价	费用组成							人工及燃料动力用量						
					折旧费	检修费	维护费	安拆费及场外运费	人工费	燃料动力费	其他费	人工	汽油	柴油	电	煤	木柴	水
				元	元	元	元	元	元	元	元	工日	kg	kg	kW·h	kg	kg	m^3
												103.63	6.46	7.68	0.84	0.65	0.15	6.03
990307020	电动单梁起重机	提升质量(t)	10	**238.98**	67.96	7.23	15.69		107.95	40.15		1.00			47.80			
990308010	桥式起重机		5	**225.80**	57.40	6.11	13.26		107.95	41.08		1.00			48.90			
990308020			15	**262.31**	85.10	8.50	18.45		107.95	42.31		1.00			50.37			
990308030			20	**345.32**	161.34	8.95	19.42		107.95	47.66		1.00			56.74			
990308040			30	**412.66**	217.43	12.06	26.17		107.95	49.05		1.00			58.39			
990308050			50	**526.03**	312.35	17.33	37.61		107.95	50.79		1.00			60.47			
990308060			75	**669.85**	436.29	23.10	50.13		107.95	52.38		1.00			62.36			
990308070			100	**881.78**	612.04	33.95	73.67		107.95	54.17		1.00			64.49			
990308080			150	**959.41**	670.66	37.21	80.75		107.95	62.84		1.00			74.81			
990309010	门式起重机		5	**314.82**	29.56	4.19	11.40		225.28	44.39		2.00			52.85			
990309020			10	**407.08**	70.44	10.00	27.20		225.28	74.16		2.00			88.29			
990309030			20	**598.94**	151.65	20.19	27.86		225.28	173.96		2.00			207.10			
990309040			30	**700.39**	212.98	28.36	39.14		225.28	194.63		2.00			231.70			
990309050			40	**839.59**	265.23	35.32	48.74		225.28	265.02		2.00			315.50			
990309060			50	**1075.62**	428.84	57.10	78.80		225.28	285.60		2.00			340.00			
990309070			75	**1287.17**	571.48	76.10	105.02		225.28	309.29		2.00			368.20			
990310010	桅杆式起重机		5	**404.63**	35.50	4.19	17.60	28.54	259.08	59.72		2.00			71.10			

续表

编码	机械名称	性能规格		台班单价	费用组成							人工及燃料动力用量						
					折旧费	检修费	维护费	安拆费及场外运费	人工费	燃料动力费	其他费	人工	汽油	柴油	电	煤	木柴	水
				元	元	元	元	元	元	元	元	工日	kg	kg	kW·h	kg	kg	m^3
												103.63	6.46	7.68	0.84	0.65	0.15	6.03
990310020	桅杆式起重机	提升质量（t）	10	**451.96**	45.18	5.34	22.43	28.54	259.08	91.39		2.00			108.80			
990310030			15	**532.82**	55.70	6.59	27.68	28.54	259.08	155.23		2.00			184.80			
990310040			40	**679.84**	73.92	8.20	34.44	80.26	259.08	223.94		2.00			266.60			
990311010	抓管机	功率（kW）	80	**725.43**	54.85	19.45	52.52		152.40	446.21		1.00		58.10				
990311020			120	**973.84**	131.65	43.83	118.34		152.40	527.62		1.00		68.70				
990311030			160	**1176.17**	151.11	50.29	135.78		152.40	686.59		1.00		89.40				
990312010	吊管机		75	**696.52**	56.96	20.20	54.54		152.40	412.42		1.00		53.70				
990312020			165	**1214.62**	185.19	61.64	166.43		152.40	648.96		1.00		84.50				
990312030			240	**1485.55**	268.74	89.45	241.52		152.40	733.44		1.00		95.50				
990313010	门座吊	提升质量（t）	30	**512.96**	233.24	25.88	58.49		129.54	65.81		1.00			78.34			
990313020			60	**868.59**	492.49	54.64	123.49		129.54	68.43		1.00			81.46			
990314010	架桥机		130	**741.52**	379.30	42.09	100.17		129.54	90.42		1.00			107.64			
990314020			160	**981.42**	552.51	61.30	145.89		129.54	92.18		1.00			109.74			
990315010	少先吊		1	**160.46**	3.99	0.43	3.50	9.56	129.54	13.44		1.00			16.00			
990316010	立式油压千斤顶	起重量（t）	100	**10.21**	1.46	0.85	1.41	6.49										
990316020			200	**11.50**	1.95	1.15	1.91	6.49										
990316030			300	**16.48**	3.90	2.29	3.80	6.49										

四、水平运输机械

编码	机械名称	性能规格		台班单价	费用组成							人工及燃料动力用量						
					折旧费	检修费	维护费	安拆费及场外运费	人工费	燃料动力费	其他费	人工	汽油	柴油	电	煤	木柴	水
				元	元	元	元	元	元	元	元	工日	kg	kg	kW·h	kg	kg	m^3
												103.63	6.46	7.68	0.84	0.65	0.15	6.03
990401005	载重汽车	装载质量(t)	2	**291.91**	25.05	5.57	31.25		107.95	122.09		1.00	18.90					
990401010			3	**331.31**	28.30	6.28	35.23		107.95	153.55		1.00	23.77					
990401015			4	**351.20**	31.85	7.08	39.72		107.95	164.60		1.00	25.48					
990401020			5	**436.97**	33.15	7.36	41.29		107.95	247.22		1.00		32.19				
990401025			6	**456.26**	37.70	8.37	46.96		107.95	255.28		1.00		33.24				
990401030			8	**518.29**	65.75	14.61	57.42		107.95	272.56		1.00		35.49				
990401035			10	**572.41**	74.95	16.65	65.43		107.95	307.43		1.00		40.03				
990401040			12	**700.89**	117.20	24.42	95.97		107.95	355.35		1.00		46.27				
990401045			15	**827.57**	140.05	29.17	114.64		107.95	435.76		1.00		56.74				
990401050			18	**869.02**	147.30	30.67	120.53		107.95	462.57		1.00		60.23				
990401055			20	**924.34**	165.75	34.52	135.66		107.95	480.46		1.00		62.56				
990402005	自卸汽车		2	**315.45**	42.66	7.99	35.48		117.76	111.56		1.00	17.27					
990402010			4	**418.42**	53.83	10.08	44.76		117.76	191.99		1.00	29.72					
990402015			5	**439.07**	58.90	11.02	48.93		117.76	202.46		1.00	31.34					
990402020			6	**479.29**	69.44	13.01	57.76		117.76	221.32		1.00	34.26					
990402025			8	**636.52**	112.85	21.10	70.47		117.76	314.34		1.00		40.93				
990402030			10	**682.25**	132.19	23.18	77.42		117.76	331.70		1.00		43.19				
990402035			12	**852.27**	147.05	25.78	86.11		235.52	357.81		2.00		46.59				
990402040			15	**961.73**	181.48	31.85	106.38		235.52	406.50		2.00		52.93				

续表

编码	机械名称	性能规格		台班单价	费用组成							人工及燃料动力用量						
					折旧费	检修费	维护费	安拆费及场外运费	人工费	燃料动力费	其他费	人工	汽油	柴油	电	煤	木柴	水
				元	元	元	元	元	元	元	元	工日	kg	kg	kW·h	kg	kg	m^3
												103.63	6.46	7.68	0.84	0.65	0.15	6.03
990402045	自卸汽车	装载质量（t）	18	**1011.79**	191.09	33.49	111.86		235.52	439.83		2.00		57.27				
990402050	自卸汽车	装载质量（t）	20	**1111.39**	233.93	41.03	137.04		235.52	463.87		2.00		60.40				
990403005	平板拖车组	装载质量（t）	8	**691.07**	96.27	15.94	75.40		296.09	207.37		2.00	32.10					
990403010	平板拖车组	装载质量（t）	10	**758.57**	103.68	17.16	81.17		296.09	260.47		2.00	40.32					
990403015	平板拖车组	装载质量（t）	15	**851.28**	137.81	22.57	106.76		296.09	288.05		2.00	44.59					
990403020	平板拖车组	装载质量（t）	20	**1035.03**	207.67	31.88	150.79		296.09	348.60		2.00		45.39				
990403025	平板拖车组	装载质量（t）	30	**1204.47**	269.36	41.33	195.49		296.09	402.20		2.00		52.37				
990403030	平板拖车组	装载质量（t）	40	**1412.90**	359.86	55.21	261.14		296.09	440.60		2.00		57.37				
990403035	平板拖车组	装载质量（t）	50	**1494.54**	382.85	58.73	277.79		296.09	479.08		2.00		62.38				
990403040	平板拖车组	装载质量（t）	60	**1588.72**	403.24	61.85	292.55		296.09	534.99		2.00		69.66				
990403045	平板拖车组	装载质量（t）	80	**1816.63**	443.02	68.09	322.07		296.09	687.36		2.00		89.50				
990403050	平板拖车组	装载质量（t）	100	**2781.89**	889.26	136.69	646.54		296.09	813.31		2.00		105.90				
990403055	平板拖车组	装载质量（t）	120	**3324.47**	1024.23	157.43	744.64		296.09	1102.08		2.00		143.50				
990403060	平板拖车组	装载质量（t）	150	**4077.84**	1343.11	206.45	976.51		296.09	1255.68		2.00		163.50				
990403065	平板拖车组	装载质量（t）	200	**4979.84**	1760.16	266.10	1258.65		296.09	1398.84		2.00		182.14				
990404010	长材运输车	装载质量（t）	9	**656.75**	120.21	11.24	64.85		140.04	320.41		1.00		41.72				
990404020	长材运输车	装载质量（t）	12	**893.60**	168.21	14.75	85.11		280.08	345.45		2.00		44.98				
990404030	长材运输车	装载质量（t）	15	**996.11**	200.83	17.61	101.61		280.08	395.98		2.00		51.56				
990404040	长材运输车	装载质量（t）	20	**1081.31**	231.80	20.05	115.69		280.08	433.69		2.00		56.47				

续表

编码	机械名称	性能规格		台班单价	费用组成							人工及燃料动力用量						
					折旧费	检修费	维护费	安拆费及场外运费	人工费	燃料动力费	其他费	人工	汽油	柴油	电	煤	木柴	水
				元	元	元	元	元	元	元	元	工日	kg	kg	kW·h	kg	kg	m^3
												103.63	6.46	7.68	0.84	0.65	0.15	6.03
990405010	管子拖车	装载质量(t)	8	**1313.92**	151.49	13.25	76.45		280.08	792.65		2.00		103.21				
990405020			10	**1348.64**	161.31	14.08	81.24		280.08	811.93		2.00		105.72				
990405030			24	**1772.16**	352.01	30.75	177.43		280.08	931.89		2.00		121.34				
990405040			27	**1984.37**	479.62	41.93	241.94		280.08	940.80		2.00		122.50				
990405050			35	**2140.08**	567.28	49.59	286.13		280.08	957.00		2.00		124.61				
990406010	机动翻斗车		1	**184.00**	11.97	2.93	11.51	7.65	103.63	46.31		1.00		6.03				
990406020			1.5	**213.41**	13.74	2.71	10.65	7.65	103.63	75.03		1.00		9.77				
990407010	轨道平车		5	**34.17**	7.54	0.77	3.03	22.83										
990407020			10	**85.91**	41.93	4.29	16.86	22.83										
990407030			20	**120.18**	64.66	6.63	26.06	22.83										
990407040			30	**206.52**	122.11	12.49	49.09	22.83										
990407050			60	**338.47**	214.13	20.59	80.92	22.83										
990408010	油罐车	罐容量(L)	3000	**401.09**	50.35	8.82	44.89		107.95	189.08		1.00	29.27					
990408020			5000	**433.65**	61.75	10.84	55.18		107.95	197.93		1.00	30.64					
990408030			8000	**535.29**	81.10	14.23	72.43		107.95	259.58		1.00		33.80				
990409010	洒水车		3000	**369.03**	34.85	6.18	26.51		107.95	193.54		1.00	29.96					
990409020			4000	**411.00**	56.00	9.81	42.08		107.95	195.16		1.00	30.21					
990409030			6000	**442.50**	62.75	11.13	47.75		107.95	212.92		1.00	32.96					
990409040			8000	**449.80**	66.10	11.57	49.64		107.95	214.54		1.00	33.21					

续表

编码	机械名称	性能规格		台班单价	费用组成							人工及燃料动力用量						
					折旧费	检修费	维护费	安拆费及场外运费	人工费	燃料动力费	其他费	人工	汽油	柴油	电	煤	木柴	水
				元	元	元	元	元	元	元	元	工日	kg	kg	kW·h	kg	kg	m^3
												103.63	6.46	7.68	0.84	0.65	0.15	6.03
990410010	多功能高压疏通车	罐容量(L)	5000	**538.39**	123.95	20.24	86.83		107.95	199.42		1.00	30.87					
990410020			8000	**634.15**	165.10	26.96	115.66		107.95	218.48		1.00	33.82					
990411010	泥浆罐车		5000	**438.36**	65.85	11.46	49.16		107.95	203.94		1.00	31.57					
990412010	散装水泥车	装载质量(t)	7	**565.14**	86.34	27.85	87.17		129.54	234.24		1.00		30.50				
990412020			10	**732.74**	145.21	43.95	137.56		129.54	276.48		1.00		36.00				
990412030			15	**876.21**	170.34	55.55	173.87		129.54	346.91		1.00		45.17				
990412040			20	**1156.25**	236.71	71.64	224.23		129.54	494.13		1.00		64.34				
990412050			26	**1584.62**	399.61	120.93	378.51		129.54	556.03		1.00		72.40				
990413010	吸污车		4	**469.76**	69.60	12.09	51.87		107.95	228.25		1.00		29.72				
990413020			6	**516.28**	75.65	13.15	56.41		107.95	263.12		1.00		34.26				
990413030			8	**574.10**	78.95	13.73	58.90		107.95	314.57		1.00		40.96				
990413040			10	**605.25**	82.00	14.28	61.26		107.95	339.76		1.00		44.24				
990414010	电瓶车	牵引质量(t)	2.5	**193.90**	21.35	4.04	6.42	18.16	143.93			1.00						
990414020			5	**227.53**	32.37	6.12	13.40	31.71	143.93			1.00						
990414030			7	**240.75**	40.58	7.69	16.84	31.71	143.93			1.00						
990414040			8	**243.92**	42.57	8.06	17.65	31.71	143.93			1.00						
990414050			10	**256.24**	50.26	9.51	20.83	31.71	143.93			1.00						
990414060			12	**277.01**	63.22	11.96	26.19	31.71	143.93			1.00						
990415010	托盘车	装载质量(t)	8	**545.73**	81.25	14.13	60.62		107.95	281.78		1.00		36.69				

五、垂直运输机械

编码	机械名称	性能规格		台班单价	费用组成							人工及燃料动力用量						
					折旧费	检修费	维护费	安拆费及场外运费	人工费	燃料动力费	其他费	人工	汽油	柴油	电	煤	木柴	水
				元	元	元	元	元	元	元	元	工日	kg	kg	kW·h	kg	kg	m^3
												103.63	6.46	7.68	0.84	0.65	0.15	6.03
990501010	电动单筒快速卷扬机	牵引力(kN)	5	**147.67**	1.09	0.48	1.28	9.10	123.37	12.35		1.00			14.70			
990501020			10	**163.55**	1.31	0.58	1.55	9.10	123.37	27.64		1.00			32.90			
990501030			15	**178.34**	1.67	0.76	2.03	9.10	123.37	41.41		1.00			49.30			
990501040			20	**195.47**	2.49	1.13	3.02	9.10	123.37	56.36		1.00			67.10			
990501050			30	**214.33**	7.37	3.31	8.84	9.10	123.37	62.34		1.00			74.21			
990502010	电动双筒快速卷扬机		10	**211.40**	3.48	0.99	2.64	9.10	123.37	71.82		1.00			85.50			
990502020			30	**235.69**	9.82	2.79	7.45	9.10	123.37	83.16		1.00			99.00			
990502030			50	**268.71**	14.88	4.23	11.29	9.10	123.37	105.84		1.00			126.00			
990503010	电动单筒慢速卷扬机		10	**164.86**	3.57	1.27	3.39	9.10	123.37	24.16		1.00			28.76			
990503020			30	**171.96**	5.65	2.01	5.37	9.10	123.37	26.46		1.00			31.50			
990503030			50	**177.64**	7.37	2.61	6.97	9.10	123.37	28.22		1.00			33.60			
990503040			80	**224.13**	16.83	5.97	15.94	9.10	123.37	52.92		1.00			63.00			
990503050			100	**255.44**	26.78	9.50	25.37	9.10	123.37	61.32		1.00			73.00			
990503060			200	**410.06**	51.57	18.30	48.86	27.18	123.37	140.78		1.00			167.60			
990503070			300	**622.86**	105.13	35.00	93.45	27.18	123.37	238.73		1.00			284.20			
990504010	电动双筒慢速卷扬机		30	**182.11**	10.59	2.50	6.98	9.10	123.37	29.57		1.00			35.20			

续表

编码	机械名称	性能规格	台班单价	折旧费	检修费	维护费	安拆费及场外运费	人工费	燃料动力费	其他费	人工	汽油	柴油	电	煤	木柴	水
			费用组成								人工及燃料动力用量						
			元	元	元	元	元	元	元	元	工日	kg	kg	kW·h	kg	kg	m³
											103.63	6.46	7.68	0.84	0.65	0.15	6.03
990504020	电动双筒慢速卷扬机	牵引力（kN） 50	**204.58**	15.34	3.63	10.13	9.10	123.37	43.01		1.00			51.20			
990504030	电动双筒慢速卷扬机	牵引力（kN） 80	**256.32**	21.58	5.11	38.02	9.10	123.37	59.14		1.00			70.40			
990504040	电动双筒慢速卷扬机	牵引力（kN） 100	**297.80**	34.88	8.25	61.38	9.10	123.37	60.82		1.00			72.40			
990505010	卷扬机带 40m 塔	牵引力（kN） 50	**209.27**	17.96	8.08	22.54	9.10	123.37	28.22		1.00			33.60			
990506010	单笼施工电梯	提升质量（t） 1 提升高度（m） 75	**282.74**	72.07	22.39	44.78		107.95	35.55		1.00			42.32			
990506020	单笼施工电梯	提升质量（t） 1 提升高度（m） 100	**302.08**	80.63	25.05	50.10		107.95	38.35		1.00			45.66			
990506030	单笼施工电梯	提升质量（t） 1 提升高度（m） 130	**334.92**	91.67	28.48	56.96		107.95	49.86		1.00			59.36			
990507010	双笼施工电梯	提升质量（t） 2×1 提升高度（m） 50	**361.27**	54.30	17.98	35.96		215.90	37.13		2.00			44.20			
990507020	双笼施工电梯	提升质量（t） 2×1 提升高度（m） 100	**481.92**	102.10	31.72	63.44		215.90	68.76		2.00			81.86			
990507030	双笼施工电梯	提升质量（t） 2×1 提升高度（m） 130	**506.32**	106.23	33.00	66.00		215.90	85.19		2.00			101.42			
990507040	双笼施工电梯	提升质量（t） 2×1 提升高度（m） 200	**570.10**	113.80	35.35	70.70		215.90	134.35		2.00			159.94			
990507050	双笼施工电梯	提升质量（t） 2×1 提升高度（m） 300	**747.41**	200.13	62.18	124.36		215.90	144.84		2.00			172.43			
990508010	电动吊篮	提升质量（t） 0.5	**43.21**	11.52	2.58	5.21	8.44		15.46					18.40			
990508020	电动吊篮	提升质量（t） 0.63	**51.01**	15.32	3.43	6.93	8.44		16.89					20.11			
990508030	电动吊篮	提升质量（t） 0.8	**61.84**	20.19	4.54	9.17	8.44		19.50					23.22			
990509010	单速电动葫芦	提升质量（t） 2	**33.68**	9.03	2.04	6.73			15.88					18.90			

续表

编码	机械名称	性能规格		台班单价	费用组成							人工及燃料动力用量						
					折旧费	检修费	维护费	安拆费及场外运费	人工费	燃料动力费	其他费	人工	汽油	柴油	电	煤	木柴	水
				元	元	元	元	元	元	元	元	工日	kg	kg	kW·h	kg	kg	m^3
												103.63	6.46	7.68	0.84	0.65	0.15	6.03
990509020	单速电动葫芦	提升质量(t)	3	**35.98**	10.21	2.30	7.59			15.88					18.90			
990509030	单速电动葫芦	提升质量(t)	5	**43.20**	13.54	3.03	10.00			16.63					19.80			
990510010	双速电动葫芦	提升质量(t)	10	**100.96**	31.23	7.00	18.34			44.39					52.85			
990510020	双速电动葫芦	提升质量(t)	20	**189.64**	57.48	12.91	33.82			85.43					101.70			
990510030	双速电动葫芦	提升质量(t)	30	**230.21**	59.97	13.48	35.32			121.44					144.57			
990511010	皮带运输机	带长 × 带宽(m)	10×0.5	**253.05**	15.26	6.15	21.59	21.79	172.72	15.54		1.00			18.50			
990511020	皮带运输机	带长 × 带宽(m)	15×0.5	**262.74**	18.11	7.28	25.55	21.79	172.72	17.29		1.00			20.58			
990511030	皮带运输机	带长 × 带宽(m)	20×0.5	**285.08**	24.26	9.76	34.26	21.79	172.72	22.29		1.00			26.53			
990511040	皮带运输机	带长 × 带宽(m)	30×0.5	**299.30**	27.11	10.91	38.29	21.79	172.72	28.48		1.00			33.91			
990512010	平台作业升降车	提升高度(m)	9	**332.16**	43.57	14.44	20.22	38.05		215.88				28.11				
990512020	平台作业升降车	提升高度(m)	16	**426.00**	69.67	23.08	32.31	38.05		262.89				34.23				
990512030	平台作业升降车	提升高度(m)	20	**555.67**	81.95	27.13	37.98	38.05		370.56				48.25				
990512040	平台作业升降车	提升高度(m)	22	**608.26**	93.67	31.01	43.41	38.05		402.12				52.36				
990512050	平台作业升降车	提升高度(m)	40	**697.22**	108.74	36.00	50.40	38.05		464.03				60.42				
990513010	汽车式高空作业车	提升高度(m)	18	**569.66**	160.04	49.72	69.61		172.72	117.57		1.00	18.20					
990513020	汽车式高空作业车	提升高度(m)	21	**783.30**	274.30	85.21	119.29		172.72	131.78		1.00	20.40					
990514010	升板设备	提升质量(t)	60	**350.37**	194.04	32.11	84.13	19.12		20.97					24.96			

六、混凝土及砂浆机械

编码	机械名称	性能规格		台班单价	费用组成							人工及燃料动力用量						
					折旧费	检修费	维护费	安拆费及场外运费	人工费	燃料动力费	其他费	人工	汽油	柴油	电	煤	木柴	水
				元	元	元	元	元	元	元	元	工日	kg	kg	kW·h	kg	kg	m^3
												103.63	6.46	7.68	0.84	0.65	0.15	6.03
990601010	涡浆式混凝土搅拌机	出料容量(L)	250	**208.01**	14.11	3.17	7.54	10.62	143.93	28.64		1.00			34.10			
990601020			350	**253.79**	19.76	4.43	10.54	10.62	143.93	64.51		1.00			76.80			
990601030			500	**303.41**	33.17	7.46	17.75	10.62	143.93	90.48		1.00			107.71			
990601040			1000	**431.04**	61.40	13.42	31.94	31.71	143.93	148.64		1.00			176.95			
990602010	双锥反转出料混凝土搅拌机		200	**184.88**	5.92	1.33	3.51	10.62	143.93	19.57		1.00			23.30			
990602020			350	**209.78**	10.26	2.31	6.10	10.62	143.93	36.56		1.00			43.52			
990602030			500	**236.01**	22.09	4.96	8.18	10.62	143.93	46.23		1.00			55.04			
990602040			750	**285.88**	26.65	5.98	9.87	31.71	143.93	67.74		1.00			80.64			
990602050			1000	**320.15**	47.12	10.61	17.51	31.71	143.93	69.27		1.00			82.46			
990602060			1500	**327.44**	50.16	11.30	18.65	31.71	143.93	71.69		1.00			85.34			
990603010	单卧轴式混凝土搅拌机		150	**197.63**	7.00	1.57	6.34	10.62	143.93	28.17		1.00			33.54			
990603020			250	**220.39**	12.32	2.77	11.19	10.62	143.93	39.56		1.00			47.10			
990603030			350	**240.70**	14.98	3.37	13.61	10.62	143.93	54.19		1.00			64.51			
990604010	双卧轴式混凝土搅拌机		350	**277.94**	16.99	3.82	18.11	10.62	143.93	84.47		1.00			100.56			
990604020			500	**307.13**	25.24	5.67	26.88	10.62	143.93	94.79		1.00			112.84			
990604030			800	**392.35**	58.30	13.13	62.24	10.62	143.93	104.13		1.00			123.96			
990604040			1000	**424.78**	65.25	14.66	41.93	31.71	143.93	127.30		1.00			151.55			
990604050			1500	**507.03**	93.86	21.09	60.32	31.71	143.93	156.12		1.00			185.86			

续表

编码	机械名称	性能规格		台班单价	费用组成							人工及燃料动力用量						
					折旧费	检修费	维护费	安拆费及场外运费	人工费	燃料动力费	其他费	人工	汽油	柴油	电	煤	木柴	水
				元	元	元	元	元	元	元	元	工日	kg	kg	kW·h	kg	kg	m^3
												103.63	6.46	7.68	0.84	0.65	0.15	6.03
990605010	混凝土搅拌站	生产率（m^3/h）	15	**1671.19**	117.80	24.83	66.05		1295.38	167.13		9.00			198.97			
990605020			25	**1795.95**	155.15	32.70	86.98		1295.38	225.74		9.00			268.74			
990605030			45	**2030.02**	232.72	49.07	130.53		1295.38	322.32		9.00			383.72			
990605040			50	**2140.92**	271.43	57.23	152.23		1295.38	364.65		9.00			434.11			
990605050			60	**2439.43**	332.12	70.02	186.25		1295.38	555.66		9.00			661.50			
990606010	混凝土搅拌输送车	搅动容量（m^3）	4	**803.73**	202.41	38.79	159.81		129.54	273.18		1.00		35.57				
990606020			5	**928.74**	240.35	46.06	189.77		129.54	323.02		1.00		42.06				
990606030			6	**1219.05**	336.72	64.53	265.86		129.54	422.40		1.00		55.00				
990606040			7	**1270.98**	343.54	65.84	271.26		129.54	460.80		1.00		60.00				
990606050			8	**1292.44**	346.16	66.34	273.32		129.54	477.08		1.00		62.12				
990606060			10	**1332.16**	354.77	67.99	280.12		129.54	499.74		1.00		65.07				
990606070			12	**1355.25**	357.62	68.54	282.38		129.54	517.17		1.00		67.34				
990606080			14	**1388.34**	366.28	70.19	289.18		129.54	533.15		1.00		69.42				
990606090			16	**1424.23**	373.17	71.52	294.66		129.54	555.34		1.00		72.31				
990607005	混凝土输送泵车	输送量（m^3/h）	20	**1051.56**	296.64	42.79	116.82		259.08	336.23		2.00		43.78				
990607010			45	**1361.07**	352.33	50.82	138.74		259.08	560.10		2.00		72.93				
990607015			70	**1430.10**	380.53	54.89	149.85		259.08	585.75		2.00		76.27				

续表

编码	机械名称	性能规格		台班单价	费用组成							人工及燃料动力用量						
					折旧费	检修费	维护费	安拆费及场外运费	人工费	燃料动力费	其他费	人工	汽油	柴油	电	煤	木柴	水
				元	元	元	元	元	元	元	元	工日	kg	kg	kW·h	kg	kg	m^3
												103.63	6.46	7.68	0.84	0.65	0.15	6.03
990607020	混凝土输送泵车	输送量（m^3/h）	75	**1598.90**	452.32	65.25	178.13		259.08	644.12		2.00		83.87				
990607025			85	**1971.66**	658.11	94.92	259.13		259.08	700.42		2.00		91.20				
990607030			90	**2213.28**	866.64	125.01	240.02		259.08	722.53		2.00		94.08				
990607035			100	**2308.31**	912.12	131.56	252.60		259.08	752.95		2.00		98.04				
990607040			120	**2464.46**	1003.62	144.76	277.94		259.08	779.06		2.00		101.44				
990607045			140	**2703.49**	1123.79	162.11	311.25		259.08	847.26		2.00		110.32				
990607050			150	**3843.84**	1902.61	269.93	518.27		259.08	893.95		2.00		116.40				
990607055			170	**4018.11**	2001.95	284.02	545.32		259.08	927.74		2.00		120.80				
990608005	混凝土输送泵		8	**410.23**	108.49	19.25	42.93	28.54	129.54	81.48		1.00			97.00			
990608010			15	**479.37**	122.55	21.74	48.48	28.54	129.54	128.52		1.00			153.00			
990608015			30	**633.97**	196.27	32.66	72.83	28.54	129.54	174.13		1.00			207.30			
990608020			45	**869.77**	325.85	54.23	75.38	80.26	129.54	204.51		1.00			243.46			
990608025			60	**1001.65**	357.49	59.50	82.71	80.26	129.54	292.15		1.00			347.80			
990608030			75	**1098.67**	414.77	69.04	95.97	80.26	129.54	309.09		1.00			367.96			
990608035			80	**1452.92**	608.38	101.26	140.75	80.26	129.54	392.73		1.00			467.53			
990608040			95	**1494.28**	637.26	106.07	147.44	80.26	129.54	393.71		1.00			468.70			
990608045			105	**1540.99**	667.38	111.08	154.40	80.26	129.54	398.33		1.00			474.20			

续表

编码	机械名称	性能规格		台班单价	费用组成							人工及燃料动力用量						
					折旧费	检修费	维护费	安拆费及场外运费	人工费	燃料动力费	其他费	人工	汽油	柴油	电	煤	木柴	水
				元	元	元	元	元	元	元	元	工日	kg	kg	kW·h	kg	kg	m^3
												103.63	6.46	7.68	0.84	0.65	0.15	6.03
990608050	混凝土输送泵	输送量（m^3/h）	110	**1571.10**	685.81	114.14	158.65	80.26	129.54	402.70		1.00			479.40			
990608055			120	**1603.35**	708.32	117.89	163.87	80.26	129.54	403.47		1.00			480.32			
990608060			130	**1743.07**	807.03	134.32	186.70	80.26	129.54	405.22		1.00			482.41			
990609010	混凝土湿喷机	生产率（m^3/h）	5	**328.49**	24.70	4.38	17.83	9.56	259.08	12.94		2.00			15.40			
990610010	灰浆搅拌机	拌筒容量（L）	200	**166.13**	2.55	0.36	1.44	10.62	143.93	7.23		1.00			8.61			
990610020			400	**173.21**	3.47	0.49	1.96	10.62	143.93	12.74		1.00			15.17			
990611010	干混砂浆罐式搅拌机	公称储量（L）	20000	**213.76**	22.96	4.17	8.13	10.62	143.93	23.95		1.00			28.51			
990612010	挤压式灰浆输送泵	输送量（m^3/h）	3	**186.35**	12.26	2.60	12.48	9.56	129.54	19.91		1.00			23.70			
990612020			4	**199.05**	15.68	3.34	16.03	9.56	129.54	24.90		1.00			29.64			
990612030			5	**209.11**	17.96	3.82	18.34	9.56	129.54	29.89		1.00			35.58			
990612040			6	**217.88**	21.19	4.51	21.65	9.56	129.54	31.43		1.00			37.42			
990613010	筛洗石子机	洗石量（m^3/h）	10	**237.38**	6.61	1.18	2.99	14.71	199.29	12.60		1.00			15.00			
990614010	筛砂机	生产率（m^3/h）	10	**180.00**	5.97	1.34	3.48	4.69	143.93	20.59		1.00			24.51			
990615010	偏心式振动筛		16	**179.99**	4.07	0.91	2.37	4.69	143.93	24.02		1.00			28.60			
990616010	混凝土振动台	台面尺寸（m）	1.5×6	**293.59**	19.38	2.75	15.21	14.71	199.29	42.25		1.00			50.30			
990616020			2.4×6.2	**403.16**	37.70	5.34	29.53	14.71	199.29	116.59		1.00			138.80			
990617010	混凝土抹平机	功率（kW）	5.5	**26.62**	1.57	0.22	0.70	4.69		19.44					23.14			
990618010	混凝土切缝机		7.5	**34.57**	2.17	0.29	0.92	4.69		26.50					31.55			

七、加 工 机 械

编码	机械名称	性能规格		台班单价	费用组成							人工及燃料动力用量						
					折旧费	检修费	维护费	安拆费及场外运费	人工费	燃料动力费	其他费	人工	汽油	柴油	电	煤	木柴	水
				元	元	元	元	元	元	元	元	工日	kg	kg	kW·h	kg	kg	m^3
												103.63	6.46	7.68	0.84	0.65	0.15	6.03
990701010	钢筋调直机	直径(mm)	14	**38.56**	11.59	2.33	6.20	8.44		10.00					11.90			
990702010	钢筋切断机		40	**46.34**	5.23	1.05	4.66	8.44		26.96					32.10			
990702020			50	**60.64**	9.60	1.93	8.57	8.44		32.10					38.21			
990703010	钢筋弯曲机		40	**27.63**	3.80	0.76	3.88	8.44		10.75					12.80			
990703020			50	**29.44**	3.90	0.79	4.04	8.44		12.27					14.61			
990704010	钢筋镦头机		5	**55.02**	5.42	1.08	4.41	8.44		35.67					42.47			
990705005	预应力钢筋拉伸机	拉伸力(kN)	600	**26.19**	7.79	1.20	4.37			12.83					15.27			
990705010			650	**28.18**	7.98	1.23	4.48			14.49					17.25			
990705015			850	**36.96**	8.74	1.35	4.91			21.96					26.14			
990705020			900	**44.01**	11.40	1.75	6.37			24.49					29.16			
990705025			1000	**50.87**	13.97	2.16	7.86			26.88					32.00			
990705030			1200	**63.51**	17.96	2.76	10.05			32.74					38.98			
990705035			1500	**68.37**	19.10	2.94	10.70			35.63					42.42			
990705040			2500	**83.08**	26.22	4.04	14.71			38.11					45.37			
990705045			3000	**113.07**	29.74	4.58	16.67			62.08					73.91			
990705050			4000	**152.91**	48.83	7.51	27.34			69.23					82.42			
990705055			5000	**201.83**	63.46	9.75	35.49			93.13					110.87			
990706010	木工圆锯机	直径(mm)	500	**29.17**	2.12	0.40	0.86	5.63		20.16					24.00			

续表

编码	机械名称	性能规格		台班单价	费用组成							人工及燃料动力用量						
					折旧费	检修费	维护费	安拆费及场外运费	人工费	燃料动力费	其他费	人工	汽油	柴油	电	煤	木柴	水
				元	元	元	元	元	元	元	元	工日	kg	kg	kW·h	kg	kg	m^3
												103.63	6.46	7.68	0.84	0.65	0.15	6.03
990706020	木工圆锯机	直径（mm）	600	**39.11**	3.51	0.66	1.42	5.63		27.89					33.20			
990706030			1000	**75.62**	4.90	0.93	2.00	5.63		62.16					74.00			
990707010	木工台式带锯机	锯轮直径（mm）	1250	**216.99**	11.45	2.17	4.88			198.49					236.30			
990708010	卧式带锯机			**145.57**	3.04	1.21	2.72			138.60					165.00			
990709010	木工平刨床	刨削宽度（mm）	300	**11.80**	2.39	0.45	1.74			7.22					8.60			
990709020			500	**24.93**	7.33	1.39	5.37			10.84					12.90			
990710010	木工单面压刨床		600	**35.84**	6.95	1.31	3.56			24.02					28.60			
990711010	木工双面压刨床		600	**56.12**	11.24	2.13	5.79			36.96					44.00			
990712010	木工三面压刨床		400	**68.98**	15.47	2.93	6.56			44.02					52.40			
990713010	木工四面压刨床		300	**92.15**	22.75	4.31	9.65			55.44					66.00			
990714010	木工开榫机	榫头长度（mm）	160	**53.37**	17.43	3.29	9.97			22.68					27.00			
990715010	木工打眼机	榫槽宽度（mm）	16	**9.56**	2.77	0.53	2.31			3.95					4.70			
990716010	木工榫槽机	榫槽深度（mm）	100	**32.08**	2.82	0.53	2.27			26.46					31.50			
990717010	木工裁口机	宽度（mm）	400	**38.32**	4.61	0.87	2.60			30.24					36.00			
990718010	普通车床	工件直径 × 工件长度（mm）	400 × 1000	**167.40**	14.18	6.04	6.34		129.54	11.30		1.00			13.45			
990718020			400 × 2000	**181.66**	17.61	7.50	7.88		129.54	19.13		1.00			22.77			
990718030			630 × 1400	**193.72**	22.53	9.59	10.07		129.54	21.99		1.00			26.18			

续表

编码	机械名称	性能规格		台班单价	费用组成							人工及燃料动力用量						
					折旧费	检修费	维护费	安拆费及场外运费	人工费	燃料动力费	其他费	人工	汽油	柴油	电	煤	木柴	水
				元	元	元	元	元	元	元	元	工日	kg	kg	kW·h	kg	kg	m^3
												103.63	6.46	7.68	0.84	0.65	0.15	6.03
990718040	普通车床	工件直径 × 工件长度（mm）	630 × 2000	**206.46**	27.55	11.72	12.31		129.54	25.34		1.00			30.17			
990718050			660 × 2000	**238.53**	31.35	13.35	14.02		129.54	50.27		1.00			59.84			
990719010	立式车床	直径（mm）	2250	**101.36**	84.31	4.98	7.52			4.55					5.42			
990720010	管子车床			**167.63**	7.53	4.01	4.21		129.54	22.34		1.00			26.60			
990721010	外圆磨床	工件直径 × 工件长度（mm）	200 × 500	**257.28**	25.29	13.46	9.69		172.72	36.12		1.00			43.00			
990722010	龙门刨床	刨削宽度 × 长度（mm）	1000 × 3000	**354.14**	125.26	20.84	11.88		172.72	23.44		1.00			27.90			
990722020			1000 × 4000	**408.72**	130.69	21.76	12.40		172.72	71.15		1.00			84.70			
990722030			1000 × 6000	**559.10**	176.61	29.39	16.75		172.72	163.63		1.00			194.80			
990723010	牛头刨床	刨削长度（mm）	650	**182.83**	17.87	3.17	2.12		148.04	11.63		1.00			13.84			
990724010	立式铣床	台宽 × 台长（mm）	320 × 1250	**200.50**	26.16	4.65	3.67		148.04	17.98		1.00			21.40			
990724020			400 × 1250	**224.68**	40.26	7.14	5.64		148.04	23.60		1.00			28.09			
990725010	卧式铣床		400 × 1250	**201.36**	26.20	4.66	3.68		148.04	18.78		1.00			22.36			
990725020			400 × 1600	**212.05**	33.80	6.00	4.74		148.04	19.47		1.00			23.18			
990726010	台式钻床	钻孔直径（mm）	16	**4.70**	0.90	0.16	0.30			3.34					3.98			
990726020			25	**6.06**	1.09	0.20	0.37			4.40					5.24			
990726030			35	**10.56**	2.34	0.42	0.78			7.02					8.36			
990727010	立式钻床		25	**7.23**	2.88	0.50	0.46			3.39					4.03			

续表

编码	机械名称	性能规格		台班单价	费用组成							人工及燃料动力用量						
					折旧费	检修费	维护费	安拆费及场外运费	人工费	燃料动力费	其他费	人工	汽油	柴油	电	煤	木柴	水
				元	元	元	元	元	元	元	元	工日	kg	kg	kW·h	kg	kg	m^3
												103.63	6.46	7.68	0.84	0.65	0.15	6.03
990727020	立式钻床	钻孔直径（mm）	35	**11.62**	4.63	0.82	0.75			5.42					6.45			
990727030			50	**21.43**	9.77	1.73	1.57			8.36					9.95			
990728010	摇臂钻床		25	**9.32**	4.24	0.75	0.41			3.92					4.67			
990728020			50	**22.53**	11.17	1.98	1.09			8.29					9.87			
990728030			63	**43.88**	23.17	4.11	2.26			14.34					17.07			
990728040			80	**73.83**	45.24	8.03	4.42			16.14					19.21			
990729010	坐标镗车	工作台（mm）	800×1200	**367.62**	88.51	5.23	7.90		259.08	6.90		1.00			8.21			
990730010	锥形螺纹车丝机	直径（mm）	45	**18.63**	2.79	0.59	1.00	6.49		7.76					9.24			
990731010	螺栓套丝机		39	**30.32**	2.15	0.25	0.43	6.49		21.00					25.00			
990732005	剪板机	厚度 × 宽度（mm）	6.3×2000	**196.33**	19.90	2.83	1.50		148.04	24.06		1.00			28.64			
990732010			10×2500	**229.20**	36.52	5.18	2.75		148.04	36.71		1.00			43.70			
990732015			13×2500	**244.30**	43.68	6.20	3.29		148.04	43.09		1.00			51.30			
990732020			13×3000	**251.39**	47.11	8.27	4.38		148.04	43.59		1.00			51.89			
990732025			16×2500	**253.68**	49.68	7.06	3.74		148.04	45.16		1.00			53.76			
990732030			20×2000	**273.58**	64.94	9.22	4.89		148.04	46.49		1.00			55.34			
990732035			20×2500	**290.52**	77.48	10.99	5.82		148.04	48.19		1.00			57.37			
990732040			20×4000	**401.02**	144.99	19.30	10.23		148.04	78.46		1.00			93.40			

续表

编码	机械名称	性能规格		台班单价	费用组成							人工及燃料动力用量						
					折旧费	检修费	维护费	安拆费及场外运费	人工费	燃料动力费	其他费	人工	汽油	柴油	电	煤	木柴	水
				元	元	元	元	元	元	元	元	工日	kg	kg	kW·h	kg	kg	m^3
												103.63	6.46	7.68	0.84	0.65	0.15	6.03
990732045	剪板机	厚度 × 宽度（mm）	32 × 4000	**559.55**	252.26	33.59	17.80		148.04	107.86		1.00			128.40			
990732050	剪板机	厚度 × 宽度（mm）	40 × 3100	**593.09**	296.60	39.49	20.93		148.04	88.03		1.00			104.80			
990733010	板料校平机	厚度 × 宽度（mm）	10 × 2000	**863.39**	524.08	58.16	30.24		185.05	65.86		1.00			78.40			
990733020	板料校平机	厚度 × 宽度（mm）	16 × 2000	**1074.80**	674.66	74.86	38.93		185.05	101.30		1.00			120.60			
990733030	板料校平机	厚度 × 宽度（mm）	16 × 2500	**1142.45**	726.22	80.58	41.90		185.05	108.70		1.00			129.40			
990734005	卷板机	板厚 × 宽度（mm）	2 × 1600	**188.65**	12.61	2.25	1.73		148.04	24.02		1.00			28.60			
990734010	卷板机	板厚 × 宽度（mm）	20 × 2000	**204.31**	22.11	3.92	3.02		148.04	27.22		1.00			32.41			
990734015	卷板机	板厚 × 宽度（mm）	20 × 2500	**235.74**	25.77	4.57	3.52		148.04	53.84		1.00			64.10			
990734020	卷板机	板厚 × 宽度（mm）	20 × 3000	**246.38**	32.43	5.75	4.43		148.04	55.73		1.00			66.34			
990734025	卷板机	板厚 × 宽度（mm）	30 × 2000	**312.35**	80.20	13.35	10.28		148.04	60.48		1.00			72.00			
990734030	卷板机	板厚 × 宽度（mm）	30 × 2500	**353.06**	96.99	16.14	12.43		148.04	79.46		1.00			94.60			
990734035	卷板机	板厚 × 宽度（mm）	30 × 3000	**427.73**	128.17	21.34	16.43		148.04	113.75		1.00			135.42			
990734040	卷板机	板厚 × 宽度（mm）	40 × 3500	**491.17**	150.29	25.01	19.26		148.04	148.57		1.00			176.87			
990734045	卷板机	板厚 × 宽度（mm）	40 × 4000	**880.85**	411.30	68.46	52.71		148.04	200.34		1.00			238.50			
990734050	卷板机	板厚 × 宽度（mm）	45 × 3500	**965.70**	459.97	76.56	58.95		148.04	222.18		1.00			264.50			
990734055	卷板机	板厚 × 宽度（mm）	70 × 3000	**1052.03**	512.42	85.29	65.67		148.04	240.61		1.00			286.44			
990735010	联合冲剪机	板厚（mm）	16	**290.93**	44.76	9.53	9.82		215.90	10.92		1.00			13.00			
990735020	联合冲剪机	板厚（mm）	30	**314.35**	59.81	12.73	13.11		215.90	12.80		1.00			15.24			

续表

编码	机械名称	性能规格		台班单价	费用组成							人工及燃料动力用量						
					折旧费	检修费	维护费	安拆费及场外运费	人工费	燃料动力费	其他费	人工	汽油	柴油	电	煤	木柴	水
				元	元	元	元	元	元	元	元	工日	kg	kg	kW·h	kg	kg	m^3
												103.63	6.46	7.68	0.84	0.65	0.15	6.03
990736010	刨边机	加工长度（mm）	9000	**475.34**	176.63	35.28	37.75		161.92	63.76		1.00			75.90			
990736020			12000	**525.88**	212.39	42.42	45.39		161.92	63.76		1.00			75.90			
990737010	折方机	厚度 × 宽度（mm）	1.5 × 2000	**15.38**	4.56	0.97	0.41			9.44					11.24			
990737020			2 × 1000	**11.60**	2.53	0.55	0.23			8.29					9.87			
990737030			2 × 1500	**13.05**	3.36	0.72	0.30			8.67					10.32			
990737040			4 × 2000	**33.44**	17.42	3.71	1.56			10.75					12.80			
990738010	扳边机		2 × 1500	**18.86**	5.83	1.24	0.52			11.27					13.42			
990739010	咬口机	板厚（mm）	1.2	**15.38**	3.80	0.22	0.61			10.75					12.80			
990739020			1.5	**18.37**	5.94	0.35	0.98			11.10					13.21			
990740010	坡口机	功率（kW）	2.2	**32.48**	15.32	0.91	2.18	8.44		5.63					6.70			
990740020			2.8	**33.63**	15.91	0.94	2.26	8.44		6.08					7.24			
990741010	开卷机	厚度（mm）	12	**232.47**	4.59	0.27	0.45		215.90	11.26		1.00			13.40			
990742010	开孔机	开孔直径（mm）	200	**231.65**	3.01	0.18	0.30		215.90	12.26		1.00			14.60			
990742020			400	**235.30**	3.17	0.19	0.32		215.90	15.72		1.00			18.72			
990742030			600	**237.10**	4.35	0.26	0.43		215.90	16.16		1.00			19.24			
990743010	等离子切割机	电流（A）	400	**250.56**	33.96	6.03	36.00	11.95		162.62					193.60			
990744010	半自动切割机	厚度（mm）	100	**99.23**	1.84	0.32	2.00	12.75		82.32					98.00			
990745010	自动仿形切割机		60	**73.17**	4.62	0.82	5.13	12.75		49.85					59.35			

续表

编码	机械名称	性能规格		台班单价	费用组成							人工及燃料动力用量						
					折旧费	检修费	维护费	安拆费及场外运费	人工费	燃料动力费	其他费	人工	汽油	柴油	电	煤	木柴	水
				元	元	元	元	元	元	元	元	工日	kg	kg	kW·h	kg	kg	m^3
												103.63	6.46	7.68	0.84	0.65	0.15	6.03
990746010	弓锯床	锯料直径（mm）	250	**25.07**	10.85	0.64	0.97	8.44		4.17					4.97			
990747010	管子切断机	管径（mm）	60	**17.40**	3.80	0.81	2.27	6.49		4.03					4.80			
990747020			150	**35.39**	10.89	2.32	4.85	6.49		10.84					12.90			
990747030			250	**46.18**	12.54	2.67	5.58	6.49		18.90					22.50			
990747040			325	**86.45**	31.98	6.80	14.21	6.49		26.97					32.11			
990748010	管子切断套丝机		159	**23.45**	3.80	0.45	1.49	6.49		11.22					13.36			
990749010	型钢剪断机	剪断宽度（mm）	500	**244.75**	38.55	6.84	6.63		148.04	44.69		1.00			53.20			
990750010	校直机			**32.30**	3.01	0.36	0.19			28.74					34.21			
990751010	型钢矫正机	厚度 × 宽度（mm）	60 × 800	**219.25**	12.81	2.27	2.20		148.04	53.93		1.00			64.20			
990752010	型钢组立机		60 × 800	**210.07**	3.39	0.60	0.58		148.04	57.46		1.00			68.40			
990753010	中频加热处理机	功率（kW）	50	**41.23**	7.16	0.84	0.97			32.26					38.40			
990753020			100	**100.58**	53.77	6.36	7.38			33.07					39.37			
990754010	中频感应炉		250	**46.54**	2.66	0.32	0.37			43.19					51.42			
990755010	中频煨弯机		160	**76.70**	30.21	3.57	4.14	6.49		32.29					38.44			
990755020			250	**96.93**	43.70	5.17	6.00	6.49		35.57					42.34			
990756010	钢材电动煨弯机	弯曲直径（mm）	500 以内	**54.04**	20.82	2.46	1.70	6.03		23.03					27.42			
990756020			500 ～ 1800	**84.69**	43.07	5.10	3.52	6.03		26.97					32.11			
990757010	法兰卷圆机	L40 × 4		**35.32**	12.94	0.76	2.43	8.44		10.75					12.80			

续表

编码	机械名称	性能规格		台班单价	费用组成							人工及燃料动力用量						
					折旧费	检修费	维护费	安拆费及场外运费	人工费	燃料动力费	其他费	人工	汽油	柴油	电	煤	木柴	水
				元	元	元	元	元	元	元	元	工日	kg	kg	kW·h	kg	kg	m^3
												103.63	6.46	7.68	0.84	0.65	0.15	6.03
990758010	电动弯管机	管径（mm）	50	**28.18**	3.80	0.45	0.52	6.49		16.92					20.14			
990758020			100	**34.78**	7.60	0.89	1.03	6.49		18.77					22.34			
990758030			108	**82.06**	38.70	4.59	5.32	6.49		26.96					32.10			
990759010	液压弯管机		60	**51.92**	18.11	2.15	2.49	6.49		22.68					27.00			
990760010	空气锤	锤体质量（kg）	75	**185.52**	10.08	1.19	1.52		152.40	20.33		1.00			24.20			
990760020			150	**223.16**	19.54	2.31	2.96		152.40	45.95		1.00			54.70			
990760030			400	**327.82**	52.96	6.26	8.01		152.40	108.19		1.00			128.80			
990760040			750	**414.07**	117.51	13.05	16.70		152.40	114.41		1.00			136.20			
990760050			1000	**448.60**	139.38	15.47	19.80		152.40	121.55		1.00			144.70			
990761010	摩擦压力机	压力（kN）	1600	**259.63**	44.94	2.66	4.20		172.72	35.11		1.00			41.80			
990761020			3000	**366.15**	98.28	5.46	8.63		172.72	81.06		1.00			96.50			
990762010	开式可倾压力机		630	**267.01**	34.83	2.07	3.46		215.90	10.75		1.00			12.80			
990762020			800	**289.51**	45.60	2.69	4.49		215.90	20.83		1.00			24.80			
990762030			1250	**324.89**	68.72	4.07	6.80		215.90	29.40		1.00			35.00			
990763010	液压机		500	**297.72**	58.51	6.91	8.84		152.40	71.06		1.00			84.60			
990763020			800	**311.72**	61.19	7.23	9.25		152.40	81.65		1.00			97.20			
990763030			1000	**322.12**	65.33	7.73	9.89		152.40	86.77		1.00			103.30			
990763040			1200	**343.35**	67.96	8.04	10.29		152.40	104.66		1.00			124.60			

续表

编码	机械名称	性能规格		台班单价	费用组成							人工及燃料动力用量						
					折旧费	检修费	维护费	安拆费及场外运费	人工费	燃料动力费	其他费	人工	汽油	柴油	电	煤	木柴	水
				元	元	元	元	元	元	元	元	工日	kg	kg	kW·h	kg	kg	m^3
												103.63	6.46	7.68	0.84	0.65	0.15	6.03
990763050	液压机	压力（kN）	2000	**363.10**	71.81	8.49	10.87		152.40	119.53		1.00			142.30			
990763060			5000	**407.96**	79.36	9.38	12.01		152.40	154.81		1.00			184.30			
990763070			8000	**753.83**	318.23	35.31	45.20		152.40	202.69		1.00			241.30			
990763080			12000	**1079.56**	354.28	39.31	50.32		152.40	483.25		1.00			575.30			
990764010	液压压接机	压力（t）	100	**119.50**	24.15	1.43	1.52	5.63		86.77					103.30			
990764020			200	**184.65**	39.98	9.47	10.04	5.63		119.53					142.30			
990765010	钢筋挤压连接机	直径（mm）	40	**33.38**	11.41	0.67	1.47	7.03		12.80					15.24			
990766010	风动锻钎机			**25.46**	8.95	1.06	0.74	14.71										
990767010	液压锻钎机	功率（kW）	11	**97.96**	12.24	1.45	1.02	14.71		68.54					81.60			
990768010	电动修钎机			**120.24**	17.42	2.05	1.39	14.71		84.67					100.80			
990769010	磨砖机	功率（kW）	4	**23.71**	6.06	0.36	0.45	8.44		8.40					10.00			
990769020			4.5	**25.38**	6.65	0.39	0.49	8.44		9.41					11.20			
990770010	切砖机		1.7	**22.72**	6.77	0.40	0.39	8.44		6.72					8.00			
990770020			2.2	**26.50**	8.91	0.53	0.51	8.44		8.11					9.65			
990770030			2.8	**28.98**	10.69	0.64	0.62	8.44		8.59					10.23			
990770040			5.5	**33.39**	13.06	0.79	0.77	8.44		10.33					12.30			
990771010	钻砖机		13	**16.30**	2.73	0.16	0.27	8.44		4.70					5.60			
990772010	岩石切割机		3	**49.06**	28.03	1.58	1.53	8.44		9.48					11.28			

续表

编码	机械名称	性能规格		台班单价	费用组成							人工及燃料动力用量						
					折旧费	检修费	维护费	安拆费及场外运费	人工费	燃料动力费	其他费	人工	汽油	柴油	电	煤	木柴	水
				元	元	元	元	元	元	元	元	工日	kg	kg	kW·h	kg	kg	m^3
												103.63	6.46	7.68	0.84	0.65	0.15	6.03
990773010	平面水磨石机	功率（kW）	3	**22.40**	2.28	0.14	1.19	7.03		11.76					14.00			
990774010	立面水磨石机		1.1	**23.34**	5.61	0.33	2.81	7.03		7.56					9.00			
990775010	喷砂除锈机	能力（m^3/min）	3	**37.67**	6.33	0.76	1.09	5.63		23.86					28.41			
990776010	抛丸除锈机	直径（mm）	219	**285.00**	197.35	21.91	31.33	5.63		28.78					34.26			
990776020			500	**379.38**	268.72	29.83	42.66	5.63		32.54					38.74			
990776030			1000	**660.62**	487.86	54.13	77.41	5.63		35.59					42.37			
990777010	涂料机	处理直径（mm）	300	**27.76**	2.61	0.34	0.36	5.63		18.82					22.40			
990777020			1000	**31.48**	4.75	0.62	0.66	5.63		19.82					23.60			
990777030			2000	**33.81**	5.86	0.76	0.81	5.63		20.75					24.70			
990777040			3000	**35.47**	6.57	0.86	0.91	5.63		21.50					25.60			
990778010	万能母线煨弯机			**31.06**	8.51	0.51	1.12	7.03		13.89					16.54			
990779010	封口机			**38.04**	18.93	1.12	2.46	7.03		8.50					10.12			
990780010	对口器	直径（mm）	426	**34.49**	23.15	2.74	4.38	4.22										
990780020			529	**36.51**	24.70	2.92	4.67	4.22										
990780030			720	**66.84**	47.90	5.66	9.06	4.22										
990781010	钢绞线横穿孔机	功率（kW）	40	**381.42**	304.33	16.88	37.14	7.03		16.04					19.10			
990782010	数控钢筋调直切断机	直径（mm）	1.8 ~ 3	**195.18**	19.90	4.00	3.00	4.96	152.40	10.92		1.00			13.00			
990782020			3 ~ 7	**308.88**	71.70	14.41	10.81	4.96	152.40	54.60		1.00			65.00			

八、泵类机械

编码	机械名称	性能规格				台班单价	费用组成							人工及燃料动力用量						
							折旧费	检修费	维护费	安拆费及场外运费	人工费	燃料动力费	其他费	人工	汽油	柴油	电	煤	木柴	水
						元	元	元	元	元	元	元	元	工日	kg	kg	kW·h	kg	kg	m^3
														103.63	6.46	7.68	0.84	0.65	0.15	6.03
990801010	电动单级离心清水泵	出口直径(mm)	50			**30.72**	1.74	0.77	1.86	7.03		19.32					23.00			
990801020	电动单级离心清水泵	出口直径(mm)	100			**37.99**	2.61	1.17	2.82	7.03		24.36					29.00			
990801030	电动单级离心清水泵	出口直径(mm)	150			**64.18**	3.64	1.65	3.98	7.03		47.88					57.00			
990801040	电动单级离心清水泵	出口直径(mm)	200			**98.99**	4.83	2.15	5.18	7.03		79.80					95.00			
990801050	电动单级离心清水泵	出口直径(mm)	250			**155.20**	7.13	3.18	7.66	7.03		130.20					155.00			
990802010	内燃单级离心清水泵	出口直径(mm)	50			**35.46**	3.01	1.33	2.38	7.03		21.71			3.36					
990802020	内燃单级离心清水泵	出口直径(mm)	100			**62.17**	5.23	2.33	4.17	7.03		43.41			6.72					
990802030	内燃单级离心清水泵	出口直径(mm)	150			**82.52**	7.84	3.50	6.27	7.03		57.88			8.96					
990802040	内燃单级离心清水泵	出口直径(mm)	200			**106.53**	12.03	5.42	9.70	7.03		72.35			11.20					
990802050	内燃单级离心清水泵	出口直径(mm)	250			**141.10**	24.15	10.87	19.46	7.03		79.59			12.32					
990803010	电动多级离心清水泵	出口直径(mm)	50			**57.00**	4.35	1.95	5.03	7.03		38.64					46.00			
990803020	电动多级离心清水泵	出口直径(mm)	100	扬程(m)	120 以下	**179.46**	8.00	3.60	9.29	7.03		151.54					180.40			
990803030	电动多级离心清水泵	出口直径(mm)	100	扬程(m)	120 以上	**254.51**	10.85	4.88	12.59	7.03		219.16					260.90			
990803040	电动多级离心清水泵	出口直径(mm)	150	扬程(m)	180 以下	**305.96**	17.18	7.70	19.87	7.03		254.18					302.60			
990803050	电动多级离心清水泵	出口直径(mm)	150	扬程(m)	180 以上	**333.33**	24.38	10.95	28.25	7.03		262.72					312.76			
990803060	电动多级离心清水泵	出口直径(mm)	200	扬程(m)	280 以下	**375.73**	27.08	12.18	31.42	7.03		298.02					354.78			
990803070	电动多级离心清水泵	出口直径(mm)	200	扬程(m)	280 以上	**418.75**	33.96	15.27	39.40	7.03		323.09					384.63			

续表

编码	机械名称	性能规格		台班单价	费用组成							人工及燃料动力用量						
					折旧费	检修费	维护费	安拆费及场外运费	人工费	燃料动力费	其他费	人工	汽油	柴油	电	煤	木柴	水
				元	元	元	元	元	元	元	元	工日	kg	kg	kW·h	kg	kg	m^3
												103.63	6.46	7.68	0.84	0.65	0.15	6.03
990804010	单级自吸水泵	出口直径（mm）	150	**264.89**	13.81	2.44	4.93	5.63		238.08				31.00				
990805010	污水泵	出口直径（mm）	70	**86.54**	2.38	0.42	1.36	7.03		75.35					89.70			
990805020	污水泵	出口直径（mm）	100	**121.88**	5.61	1.00	3.24	7.03		105.00					125.00			
990805030	污水泵	出口直径（mm）	150	**213.01**	8.27	1.46	4.73	7.03		191.52					228.00			
990805040	污水泵	出口直径（mm）	200	**314.69**	26.32	4.66	15.10	7.03		261.58					311.40			
990806010	泥浆泵	出口直径（mm）	50	**48.26**	3.90	0.70	2.27	7.03		34.36					40.90			
990806020	泥浆泵	出口直径（mm）	100	**229.93**	14.73	2.62	8.49	7.03		197.06					234.60			
990807010	耐腐蚀泵	出口直径（mm）	40	**38.89**	5.23	0.92	4.96	7.03		20.75					24.70			
990807020	耐腐蚀泵	出口直径（mm）	50	**54.24**	6.84	1.21	6.52	7.03		32.64					38.86			
990807030	耐腐蚀泵	出口直径（mm）	80	**133.72**	6.94	1.22	6.58	7.03		111.95					133.27			
990807040	耐腐蚀泵	出口直径（mm）	100	**201.38**	7.98	1.41	7.60	7.03		177.36					211.14			
990808010	真空泵	抽气速度（m^3/h）	204	**65.68**	7.70	1.38	2.97	8.44		45.19					53.80			
990808020	真空泵	抽气速度（m^3/h）	660	**125.47**	8.84	1.57	3.38	8.44		103.24					122.90			
990809010	潜水泵	出口直径（mm）	50	**26.17**	1.74	0.31	1.69	5.63		16.80					20.00			
990809020	潜水泵	出口直径（mm）	100	**31.85**	2.45	0.43	2.34	5.63		21.00					25.00			
990809030	潜水泵	出口直径（mm）	150	**59.90**	5.70	1.02	5.55	5.63		42.00					50.00			

续表

编码	机械名称	性能规格		台班单价	费用组成							人工及燃料动力用量						
					折旧费	检修费	维护费	安拆费及场外运费	人工费	燃料动力费	其他费	人工	汽油	柴油	电	煤	木柴	水
				元	元	元	元	元	元	元	元	工日	kg	kg	kW·h	kg	kg	m^3
												103.63	6.46	7.68	0.84	0.65	0.15	6.03
990810010	砂泵	出口直径（mm）	65	**97.00**	7.01	1.25	4.70	8.44		75.60					90.00			
990810020			100	**140.04**	15.32	2.74	10.30	8.44		103.24					122.90			
990810030			125	**245.09**	25.77	4.56	17.15	8.44		189.17					225.20			
990811010	高压油泵	压力（MPa）	50	**125.63**	4.35	0.77	2.56	5.63		112.32					133.72			
990811020			80	**197.52**	6.89	1.22	4.06	5.63		179.72					213.95			
990812010	齿轮油泵	流量（L/min）	2.5	**92.05**	2.22	0.39	1.30	5.63		82.51					98.23			
990813005	试压泵	压力（MPa）	2.5	**16.19**	1.35	0.24	0.73	5.63		8.24					9.81			
990813010			3	**19.27**	2.61	0.47	1.43	5.63		9.13					10.87			
990813015			4	**19.75**	2.77	0.48	1.46	5.63		9.41					11.20			
990813020			6	**21.70**	2.93	0.52	1.58	5.63		11.04					13.14			
990813025			10	**23.39**	3.40	0.60	1.82	5.63		11.94					14.21			
990813030			25	**24.71**	3.64	0.64	1.95	5.63		12.85					15.30			
990813035			30	**25.17**	3.72	0.66	2.01	5.63		13.15					15.66			
990813040			35	**25.51**	3.80	0.68	2.07	5.63		13.33					15.87			
990813045			60	**26.85**	3.88	0.69	2.10	5.63		14.55					17.32			
990813050			80	**29.60**	4.99	0.88	2.68	5.63		15.42					18.36			
990814010	射流井点泵	最大抽吸深度（m）	9.5	**67.82**	4.83	2.57	9.56	5.63		45.23					53.85			

九、焊接机械

编码	机械名称	性能规格		台班单价	费用组成							人工及燃料动力用量						
					折旧费	检修费	维护费	安拆费及场外运费	人工费	燃料动力费	其他费	人工	汽油	柴油	电	煤	木柴	水
				元	元	元	元	元	元	元	元	工日	kg	kg	kW·h	kg	kg	m^3
												103.63	6.46	7.68	0.84	0.65	0.15	6.03
990901010	交流弧焊机	容量（kV·A）	21	**67.00**	1.84	0.41	1.37	12.75		50.63					60.27			
990901020			32	**98.59**	2.41	0.54	1.80	12.75		81.09					96.53			
990901030			40	**129.18**	2.72	0.61	2.03	12.75		111.07					132.23			
990901040			42	**138.05**	2.91	0.66	2.20	12.75		119.53					142.30			
990901050			50	**150.15**	3.04	0.68	2.26	12.75		131.42					156.45			
990901060			80	**201.85**	3.48	0.79	2.63	12.75		182.20					216.90			
990902010	硅整流弧焊机		15	**52.62**	4.56	0.81	2.79	11.95		32.51					38.70			
990902020			20	**64.90**	5.38	0.95	3.28	11.95		43.34					51.60			
990902030			25	**71.92**	7.03	1.25	4.31	11.95		47.38					56.41			
990903010	多功能弧焊整流器	电流（A）	630	**84.24**	10.13	2.28	6.66	12.75		52.42					62.40			
990903020			1000	**113.89**	15.36	3.45	10.07	12.75		72.26					86.02			
990904010	直流弧焊机	容量（kV·A）	10	**48.32**	2.41	0.55	2.20	12.75		30.41					36.20			
990904020			14	**62.25**	3.48	0.78	3.12	12.75		42.12					50.14			
990904030			20	**83.03**	4.56	1.03	3.82	12.75		60.87					72.46			
990904040			32	**102.72**	5.51	1.24	4.60	12.75		78.62					93.60			
990904050			40	**108.54**	6.97	1.57	5.82	12.75		81.43					96.94			

续表

编码	机械名称	性能规格		台班单价	费用组成							人工及燃料动力用量						
					折旧费	检修费	维护费	安拆费及场外运费	人工费	燃料动力费	其他费	人工	汽油	柴油	电	煤	木柴	水
				元	元	元	元	元	元	元	元	工日	kg	kg	kW·h	kg	kg	m³
												103.63	6.46	7.68	0.84	0.65	0.15	6.03
990905010	汽油电焊机	电流（A）	160	**207.70**	11.13	2.50	2.98	9.56		181.53			28.10					
990905020			300	**235.80**	16.35	3.69	4.39	9.56		201.81			31.24					
990906010	柴油电焊机		500	**302.33**	19.34	4.36	5.19	9.56		263.88				34.36				
990907010	拖拉机驱动弧焊机	单弧		**516.47**	52.50	11.81	6.26	12.75		433.15				56.40				
990907020		二弧		**660.57**	63.14	14.21	7.53	12.75		562.94				73.30				
990907030		四弧		**1107.33**	330.09	57.94	30.71	12.75		675.84				88.00				
990908010	点焊机	容量（kV·A）	50	**109.68**	5.45	1.22	3.56	12.75		86.70					103.22			
990908020			75	**155.96**	7.09	1.59	4.64	12.75		129.89					154.63			
990908030			100	**209.10**	12.29	2.76	8.06	12.75		173.24					206.24			
990909010	多头点焊机		6×35	**322.40**	29.96	5.16	15.07	12.75		259.46					308.88			
990910010	对焊机		10	**31.37**	2.51	0.57	1.78	12.75		13.76					16.38			
990910020			25	**54.74**	3.95	0.88	2.75	12.75		34.41					40.96			
990910030			75	**126.49**	5.85	1.31	4.10	12.75		102.48					122.00			
990910040			150	**131.35**	6.61	1.49	4.66	12.75		105.84					126.00			
990911010	热熔对接焊机	直径（mm）	160	**18.15**	1.37	0.32	0.34	12.75		3.37					4.01			
990911020			250	**21.76**	2.13	0.48	0.51	12.75		5.89					7.01			

续表

编码	机械名称	性能规格		台班单价	费用组成							人工及燃料动力用量						
					折旧费	检修费	维护费	安拆费及场外运费	人工费	燃料动力费	其他费	人工	汽油	柴油	电	煤	木柴	水
				元	元	元	元	元	元	元	元	工日	kg	kg	kW·h	kg	kg	m^3
												103.63	6.46	7.68	0.84	0.65	0.15	6.03
990911030	热熔对接焊机	直径（mm）	630	**49.17**	6.16	1.38	1.46	12.75		27.42					32.64			
990911040	热熔对接焊机	直径（mm）	800	**58.40**	6.46	1.45	1.54	12.75		36.20					43.10			
990912010	氩弧焊机	电流（A）	500	**103.89**	14.25	2.53	8.60	19.12		59.39					70.70			
990913010	二氧化碳气体保护焊机	电流（A）	250	**67.45**	13.30	2.35	12.10	19.12		20.58					24.50			
990913020	二氧化碳气体保护焊机	电流（A）	500	**135.74**	33.96	6.03	31.05	19.12		45.58					54.26			
990914010	等离子弧焊机	电流（A）	300	**238.96**	25.77	4.56	24.62	19.12		164.89					196.30			
990915010	自动埋弧焊机	电流（A）	500	**118.01**	14.31	1.87	9.95	12.75		79.13					94.20			
990915020	自动埋弧焊机	电流（A）	1200	**208.00**	19.06	2.48	13.19	12.75		160.52					191.10			
990915030	自动埋弧焊机	电流（A）	1500	**292.93**	23.56	3.07	16.33	12.75		237.22					282.40			
990916010	电渣焊机	电流（A）	1000	**181.69**	29.45	3.83	12.18	12.75		123.48					147.00			
990917010	缝焊机	容量（kV·A）	150	**347.82**	19.32	2.51	7.98	12.75		305.26					363.40			
990918010	土工膜焊接机	厚度（mm）	8 ～ 160	**40.27**	3.65	0.82	2.39	12.75		20.66					24.60			
990919010	电焊条烘干箱	容量（cm^3）	45×35×45	**18.07**	3.64	0.65	1.12	7.03		5.63					6.70			
990919020	电焊条烘干箱	容量（cm^3）	55×45×55	**23.20**	5.23	0.93	1.61	7.03		8.40					10.00			
990919030	电焊条烘干箱	容量（cm^3）	60×50×75	**28.69**	6.73	1.19	2.06	7.03		11.68					13.90			
990919040	电焊条烘干箱	容量（cm^3）	80×80×100	**55.40**	10.13	1.79	3.10	7.03		33.35					39.70			
990919050	电焊条烘干箱	容量（cm^3）	75×105×135	**78.55**	10.85	1.93	3.34	7.03		55.40					65.95			

十、动 力 机 械

编码	机械名称	性能规格		台班单价	费用组成							人工及燃料动力用量						
					折旧费	检修费	维护费	安拆费及场外运费	人工费	燃料动力费	其他费	人工	汽油	柴油	电	煤	木柴	水
				元	元	元	元	元	元	元	元	工日	kg	kg	kW·h	kg	kg	m^3
												103.63	6.46	7.68	0.84	0.65	0.15	6.03
991001010	汽油发电机组	功率(kW)	3	**88.94**	2.03	0.52	2.01	18.16		66.22			10.25					
991001020			6	**127.35**	4.77	1.24	4.79	18.16		98.39			15.23					
991001030			10	**157.05**	7.98	2.08	8.03	18.16		120.80			18.70					
991002005	柴油发电机组		30	**427.09**	16.30	4.24	13.82	21.79		370.94				48.30				
991002010			50	**613.00**	18.49	4.82	15.71	21.79		552.19				71.90				
991002015			60	**626.43**	20.14	5.24	17.08	21.79		562.18				73.20				
991002020			75	**629.91**	21.79	5.67	18.48	21.79		562.18				73.20				
991002025			90	**889.44**	22.84	5.95	19.40	21.79		819.46				106.70				
991002030			100	**974.32**	24.07	6.26	20.41	21.79		901.79				117.42				
991002035			120	**1275.21**	30.61	7.97	25.98	21.79		1188.86				154.80				
991002040			150	**1558.67**	39.01	10.16	33.12	21.79		1454.59				189.40				
991002045			200	**2003.54**	62.07	16.15	52.65	21.79		1850.88				241.00				
991002050			300	**2982.79**	91.45	22.32	60.93	21.79		2786.30				362.80				
991002055			400	**3038.57**	94.03	22.95	62.65	21.79		2837.15				369.42				
991003010	电动空气压缩机	排气量(m^3/min)	0.3	**33.27**	1.10	0.40	1.91	16.34		13.52					16.10			
991003020			0.6	**41.17**	1.44	0.53	2.53	16.34		20.33					24.20			
991003030			1	**56.74**	2.16	0.76	3.63	16.34		33.85					40.30			
991003040			3	**135.39**	13.67	4.85	10.23	16.34		90.30					107.50			

续表

编码	机械名称	性能规格		台班单价	费用组成							人工及燃料动力用量						
					折旧费	检修费	维护费	安拆费及场外运费	人工费	燃料动力费	其他费	人工	汽油	柴油	电	煤	木柴	水
				元	元	元	元	元	元	元	元	工日	kg	kg	kW·h	kg	kg	m^3
												103.63	6.46	7.68	0.84	0.65	0.15	6.03
991003050	电动空气压缩机	排气量（m^3/min）	6	**241.13**	21.02	7.45	15.72	16.34		180.60					215.00			
991003060	电动空气压缩机	排气量（m^3/min）	9	**373.86**	30.18	10.72	22.62	16.34		294.00					350.00			
991003070	电动空气压缩机	排气量（m^3/min）	10	**419.72**	30.76	10.91	23.02	16.34		338.69					403.20			
991003080	电动空气压缩机	排气量（m^3/min）	20	**590.49**	57.67	20.45	43.15	28.54		440.68					524.62			
991003090	电动空气压缩机	排气量（m^3/min）	40	**807.82**	133.43	44.42	73.29	28.54		528.14					628.74			
991004010	内燃空气压缩机	排气量（m^3/min）	3	**262.26**	16.74	7.54	25.03	16.34		196.61				25.60				
991004020	内燃空气压缩机	排气量（m^3/min）	6	**379.36**	28.88	12.99	43.13	16.34		278.02				36.20				
991004030	内燃空气压缩机	排气量（m^3/min）	9	**520.39**	36.90	16.58	55.05	16.34		395.52				51.50				
991004040	内燃空气压缩机	排气量（m^3/min）	12	**646.43**	44.24	19.88	66.00	16.34		499.97				65.10				
991004050	内燃空气压缩机	排气量（m^3/min）	17	**1372.14**	53.40	23.99	79.65	28.54		1186.56				154.50				
991004060	内燃空气压缩机	排气量（m^3/min）	30	**3031.63**	125.47	41.76	138.64	28.54		2697.22				351.20				
991004070	内燃空气压缩机	排气量（m^3/min）	40	**4283.64**	132.86	56.01	133.30	28.54		3932.93				512.10				
991005010	无油空气压缩机	排气量（m^3/min）	9	**398.07**	48.99	22.02	30.39	28.54		268.13					319.20			
991005020	无油空气压缩机	排气量（m^3/min）	20	**708.48**	116.16	48.97	67.58	28.54		447.23					532.42			
991006010	工业锅炉	蒸发量（t/h）	1	**967.74**	72.68	13.74	7.14	80.26		793.92						1150.00	16.00	7.30
991006020	工业锅炉	蒸发量（t/h）	2	**1682.58**	79.44	15.04	7.82	80.26		1500.02						2173.00	21.00	14.00
991006030	工业锅炉	蒸发量（t/h）	4	**2172.07**	128.67	22.84	11.88	80.26		1928.42						2785.00	24.00	19.00

十一、地下工程机械

编码	机械名称	性能规格		台班单价	费用组成							人工及燃料动力用量						
					折旧费	检修费	维护费	安拆费及场外运费	人工费	燃料动力费	其他费	人工	汽油	柴油	电	煤	木柴	水
				元	元	元	元	元	元	元	元	工日	kg	kg	kW·h	kg	kg	m³
												103.63	6.46	7.68	0.84	0.65	0.15	6.03
991101010	干式出土盾构掘进机	直径（mm）	3500	**1025.80**	663.86	132.58	229.36											
991101020			4000	**1453.31**	945.99	185.83	321.49											
991101030			5000	**1527.23**	994.12	195.28	337.83											
991101040			6000	**1854.15**	1206.92	237.08	410.15											
991101050			7000	**2024.87**	1318.05	258.91	447.91											
991101060			10000	**3571.26**	2324.63	456.64	789.99											
991101070			12000	**4717.29**	3070.61	603.18	1043.50											
991102010	水力出土盾构掘进机		3500	**1123.78**	759.66	134.86	229.26											
991102020			5000	**1572.79**	1068.86	186.64	317.29											
991102030			6000	**1930.13**	1311.72	229.04	389.37											
991102040			7000	**2047.17**	1391.26	242.93	412.98											
991102050			10000	**3710.95**	2521.98	440.36	748.61											
991102060			12000	**6147.57**	4177.89	729.51	1240.17											
991103010	气压平衡式盾构掘进机		3500	**2061.76**	1430.02	249.70	382.04											
991103020			5000	**2339.22**	1622.47	283.30	433.45											
991103030			7000	**3138.26**	2176.68	380.07	581.51											
991104010	刀盘式干出土土压平衡盾构掘进机		3500	**1869.67**	1217.01	239.07	413.59											
991104020			4000	**1982.60**	1290.52	253.51	438.57											
991104030			5000	**3137.83**	2042.50	401.22	694.11											

续表

编码	机械名称	性能规格		台班单价	费用组成							人工及燃料动力用量						
					折旧费	检修费	维护费	安拆费及场外运费	人工费	燃料动力费	其他费	人工	汽油	柴油	电	煤	木柴	水
				元	元	元	元	元	元	元	元	工日	kg	kg	kW·h	kg	kg	m^3
												103.63	6.46	7.68	0.84	0.65	0.15	6.03
991104040	刀盘式干出土土压平衡盾构掘进机	直径（mm）	6000	**3608.95**	2349.16	461.46	798.33											
991104050			7000	**3915.60**	2548.74	500.68	866.18											
991104060			10000	**9913.11**	6452.70	1267.55	2192.86											
991104070			12000	**12745.41**	8296.33	1629.70	2819.38											
991105010	刀盘式水力出土泥水平衡盾构掘进机		3500	**2132.00**	1393.12	273.66	465.22											
991105020			5000	**3268.03**	2135.43	419.48	713.12											
991105030			6000	**3681.87**	2429.04	464.01	788.82											
991105040			7000	**4149.14**	2711.17	532.58	905.39											
991105050			10000	**10608.91**	6932.21	1361.74	2314.96											
991105060			12000	**13407.60**	8760.98	1720.97	2925.65											
991106010	盾构同步压浆泵	D2.1m×7m		**610.80**	264.73	35.25	41.24	40.77	185.05	43.76		1.00			52.10			
991107010	盾构医疗闸设备	D2.1m×7m		**309.82**	82.08	11.65	25.75	28.54	129.54	32.26		1.00			38.41			
991108010	垂直顶升设备			**1673.58**	197.85	26.35	51.65	38.05	863.58	496.10		5.00			590.60			
991109010	履带式抓斗成槽机	槽宽（mm）	600	**2033.84**	597.25	145.79	205.56		235.52	849.72		2.00		110.64				
991109020			800	**2930.73**	1034.50	248.37	350.20		235.52	1062.14		2.00		138.30				
991109030			1000	**3622.51**	1186.79	284.91	401.72		235.52	1513.57		2.00		197.08				
991109040			1200	**4228.16**	1559.56	374.43	527.95		235.52	1530.70		2.00		199.31				
991110010	导杆式液压抓斗成槽机			**4287.76**	1772.07	425.45	599.88		235.52	1254.84		2.00		163.39				
991111010	井架式液压抓斗成槽机			**974.31**	110.85	27.06	132.59		471.05	232.76		4.00			277.10			

续表

编码	机械名称	性能规格		台班单价	费用组成							人工及燃料动力用量						
					折旧费	检修费	维护费	安拆费及场外运费	人工费	燃料动力费	其他费	人工	汽油	柴油	电	煤	木柴	水
				元	元	元	元	元	元	元	元	工日	kg	kg	kW·h	kg	kg	m^3
												103.63	6.46	7.68	0.84	0.65	0.15	6.03
991112010	超声波测壁机			**95.45**	34.83	9.07	14.97	5.63		30.95					36.85			
991113010	泥浆制作循环设备			**1209.99**	595.46	39.65	59.87	91.73		423.28					503.90			
991114010	锁口管顶升机			**477.27**	46.04	4.90	21.51	5.63	345.43	53.76		2.00			64.00			
991115010	潜水电钻	75 型		**121.59**	28.62	2.04	4.73	19.12		67.08					79.86			
991115020	潜水电钻	80 型		**148.55**	37.17	2.64	6.12	19.12		83.50					99.40			
991116010	工程地质液压钻机			**639.79**	36.91	3.94	4.22	12.75	345.43	236.54		2.00		30.80				
991117005	刀盘式土压平衡顶管掘进机	管径（mm）	1400	**470.20**	319.28	53.14	97.78											
991117010	刀盘式土压平衡顶管掘进机	管径（mm）	1650	**481.48**	326.93	54.42	100.13											
991117015	刀盘式土压平衡顶管掘进机	管径（mm）	1800	**615.26**	417.79	69.53	127.94											
991117020	刀盘式土压平衡顶管掘进机	管径（mm）	2000	**687.52**	466.85	77.70	142.97											
991117025	刀盘式土压平衡顶管掘进机	管径（mm）	2200	**742.81**	504.39	83.95	154.47											
991117030	刀盘式土压平衡顶管掘进机	管径（mm）	2400	**1337.85**	913.27	149.50	275.08											
991117035	刀盘式土压平衡顶管掘进机	管径（mm）	2460	**1430.42**	976.47	159.84	294.11											
991117040	刀盘式土压平衡顶管掘进机	管径（mm）	2600	**1460.37**	996.91	163.19	300.27											
991117045	刀盘式土压平衡顶管掘进机	管径（mm）	2800	**1495.19**	1020.68	167.08	307.43											
991117050	刀盘式土压平衡顶管掘进机	管径（mm）	3000	**1604.65**	1095.41	179.31	329.93											
991118005	刀盘式泥水平衡顶管掘进机	管径（mm）	600	**412.76**	280.27	46.65	85.84											
991118010	刀盘式泥水平衡顶管掘进机	管径（mm）	800	**418.21**	283.99	47.26	86.96											
991118015	刀盘式泥水平衡顶管掘进机	管径（mm）	1000	**428.61**	291.04	48.44	89.13											

续表

编码	机械名称	性能规格		台班单价	费用组成							人工及燃料动力用量						
					折旧费	检修费	维护费	安拆费及场外运费	人工费	燃料动力费	其他费	人工	汽油	柴油	电	煤	木柴	水
				元	元	元	元	元	元	元	元	工日	kg	kg	kW·h	kg	kg	m^3
												103.63	6.46	7.68	0.84	0.65	0.15	6.03
991118020	刀盘式泥水平衡顶管掘进机	管径（mm）	1200	**474.62**	322.28	53.64	98.70											
991118025	刀盘式泥水平衡顶管掘进机	管径（mm）	1400	**506.35**	343.82	57.23	105.30											
991118030	刀盘式泥水平衡顶管掘进机	管径（mm）	1600	**684.23**	464.61	77.33	142.29											
991118035	刀盘式泥水平衡顶管掘进机	管径（mm）	1800	**840.79**	570.93	95.02	174.84											
991118040	刀盘式泥水平衡顶管掘进机	管径（mm）	2000	**1065.22**	723.31	120.39	221.52											
991118045	刀盘式泥水平衡顶管掘进机	管径（mm）	2200	**1337.85**	913.27	149.50	275.08											
991118050	刀盘式泥水平衡顶管掘进机	管径（mm）	2400	**1549.68**	1057.88	173.17	318.63											
991118055	刀盘式泥水平衡顶管掘进机	管径（mm）	2600	**1783.24**	1217.31	199.27	366.66											
991118060	刀盘式泥水平衡顶管掘进机	管径（mm）	3000	**1864.94**	1273.08	208.40	383.46											
991119010	挤压法顶管设备	管径（mm）	1000	**162.84**	19.97	3.54	9.70	3.75		125.88					149.86			
991119020	挤压法顶管设备	管径（mm）	1200	**168.14**	23.14	4.11	11.26	3.75		125.88					149.86			
991119030	挤压法顶管设备	管径（mm）	1400	**204.74**	23.77	4.21	11.54	3.75		161.47					192.23			
991119040	挤压法顶管设备	管径（mm）	1500	**214.44**	27.57	4.89	13.40	3.75		164.83					196.23			
991119050	挤压法顶管设备	管径（mm）	1650	**227.31**	33.27	5.90	16.17	3.75		168.22					200.26			
991119060	挤压法顶管设备	管径（mm）	1800	**287.60**	50.33	8.93	24.47	3.75		200.12					238.24			
991119070	挤压法顶管设备	管径（mm）	2000	**294.27**	51.89	9.20	25.21	3.75		204.22					243.12			
991119080	挤压法顶管设备	管径（mm）	2200	**329.37**	71.36	12.66	34.69	3.75		206.91					246.32			
991119090	挤压法顶管设备	管径（mm）	2400	**382.27**	103.53	17.23	47.21	3.75		210.55					250.66			
991120010	遥控顶管掘进机	管径（mm）	800	**1426.61**	804.71	133.93	246.43	25.37		216.17					257.34			

续表

编码	机械名称	性能规格		台班单价	费用组成							人工及燃料动力用量						
					折旧费	检修费	维护费	安拆费及场外运费	人工费	燃料动力费	其他费	人工	汽油	柴油	电	煤	木柴	水
				元	元	元	元	元	元	元	元	工日	kg	kg	kW·h	kg	kg	m^3
												103.63	6.46	7.68	0.84	0.65	0.15	6.03
991120020	遥控顶管掘进机	管径（mm）	1200	**1537.31**	882.40	144.45	265.79	25.37		219.30					261.07			
991120030	遥控顶管掘进机	管径（mm）	1350	**1667.85**	956.00	156.50	287.96	25.37		242.02					288.12			
991120040	遥控顶管掘进机	管径（mm）	1650	**1784.75**	1020.30	167.02	307.32	25.37		264.74					315.17			
991120050	遥控顶管掘进机	管径（mm）	1800	**1949.48**	1130.71	185.10	340.58	25.37		267.72					318.72			
991121010	人工挖土法顶管设备	管径（mm）	1200	**148.37**	9.63	1.70	7.41	3.75		125.88					149.86			
991121020	人工挖土法顶管设备	管径（mm）	1650	**195.52**	12.08	2.14	9.33	3.75		168.22					200.26			
991121030	人工挖土法顶管设备	管径（mm）	2000	**239.45**	12.88	2.29	9.98	3.75		210.55					250.66			
991121040	人工挖土法顶管设备	管径（mm）	2460	**241.56**	13.09	2.32	10.12	3.75		212.28					252.71			
991122010	液压柜（动力系统）			**211.06**	6.12	0.65	3.51	3.75		197.03					234.56			
991123010	悬臂式掘进机	功率（kW）	318	**4982.47**	4757.77	79.12	145.58											
991124010	轨道车	功率（kW）	120	**282.41**	142.06	37.83	102.52											
991124020	轨道车	功率（kW）	210	**454.34**	228.55	60.86	164.93											
991124030	轨道车	功率（kW）	290	**516.97**	260.05	69.25	187.67											
991125010	电力机车			**1276.16**	641.94	170.95	463.27											
991126010	动力稳定车			**4356.84**	2209.68	578.75	1568.41											
991127010	配砟整形车	工作能力（m/h）	1200	**1552.88**	787.58	206.28	559.02											
991128010	起拔道捣固车	工作能力（m/h）	1100	**5227.06**	2651.02	694.35	1881.69											
991129010	电气化安装作业车			**898.05**	451.74	120.30	326.01											
991130010	移动式焊轨机组			**5127.48**	2600.52	681.12	1845.84											

十二、其 他 机 械

编码	机械名称	性能规格		台班单价	费用组成							人工及燃料动力用量						
					折旧费	检修费	维护费	安拆费及场外运费	人工费	燃料动力费	其他费	人工	汽油	柴油	电	煤	木柴	水
				元	元	元	元	元	元	元	元	工日	kg	kg	kW·h	kg	kg	m^3
												103.63	6.46	7.68	0.84	0.65	0.15	6.03
991201010	轴流通风机	功率（kW）	7.5	**46.60**	2.66	0.47	1.18	8.44		33.85					40.30			
991201020			30	**157.04**	8.08	1.43	3.60	8.44		135.49					161.30			
991201030			100	**487.14**	17.96	3.19	5.97	8.44		451.58					537.60			
991201040			150	**590.76**	81.51	14.47	27.06	8.44		459.28					546.76			
991201050			220	**624.45**	98.04	17.39	32.52	8.44		468.06					557.21			
991202010	离心通风机	能力（m^3/min）	1300	**95.60**	7.89	1.77	3.31	7.03		75.60					90.00			
991202020			1800	**155.26**	8.93	2.00	3.74	7.03		133.56					159.00			
991202030			2500	**273.01**	13.97	3.14	3.93	7.03		244.94					291.60			
991202040			3200	**506.46**	17.96	4.02	5.03	7.03		472.42					562.40			
991203010	吹风机		4	**21.38**	4.37	0.77	1.94	8.44		5.86					6.98			
991204010	鼓风机		8	**27.53**	3.90	0.70	1.69	8.44		12.80					15.24			
991204020			18	**43.07**	12.83	2.27	5.49	8.44		14.04					16.72			
991204030			50	**62.30**	23.75	4.21	10.19	8.44		15.71					18.70			
991204040			129	**75.86**	31.35	5.57	13.48	8.44		17.02					20.26			

续表

编码	机械名称	性能规格		台班单价	费用组成							人工及燃料动力用量						
					折旧费	检修费	维护费	安拆费及场外运费	人工费	燃料动力费	其他费	人工	汽油	柴油	电	煤	木柴	水
				元	元	元	元	元	元	元	元	工日	kg	kg	kW·h	kg	kg	m^3
												103.63	6.46	7.68	0.84	0.65	0.15	6.03
991204050	鼓风机	能力（m^3/min）	700	**504.89**	304.86	50.74	122.79	8.44		18.06					21.50			
991205010	反吸式除尘机	D2-FX1		**76.29**	22.64	4.01	4.53	5.63		39.48					47.00			
991206010	组合烘箱			**142.45**	16.55	2.93	3.02	5.63		114.32					136.10			
991207010	箱式加热炉	功率（kW）	45	**136.31**	13.59	0.80	0.85	6.75		114.32					136.10			
991207020	箱式加热炉	功率（kW）	50	**158.31**	22.04	1.30	1.38	6.75		126.84					151.00			
991207030	箱式加热炉	功率（kW）	75	**145.97**	20.62	1.22	1.29	6.75		116.09					138.20			
991208010	硅整流充电机	90A/190V		**77.31**	6.97	0.41	1.30	5.63		63.00					75.00			
991209010	真空滤油机	能力（L/h）	6000	**263.16**	179.79	10.64	34.05	8.44		30.24					36.00			
991210010	潜水设备			**88.94**	22.36	3.97	55.58	7.03										
991211010	潜水减压仓			**165.83**	88.67	15.73	50.81	10.62										
991212010	通井机	功率（kW）	66	**821.79**	72.54	20.60	55.62		259.08	413.95		2.00		53.90				
991213010	高压压风机车	功率（kW）	300	**3212.75**	209.89	55.89	156.49		152.40	2638.08		1.00		343.50				
991214010	井点降水钻机			**16.77**	1.98	0.87	2.10	7.03		4.79					5.70			

十三、单独计算的费用

1. 塔式起重机及施工电梯基础

编号	项目	单位	单价	费用组成			工料机用量																						
				人工费	材料费	机械费	人工	预拌混凝土AC30	钢筋D10以内	钢筋D10以外	石子	组合钢模板	木模板	枕木	轨道	水	零星卡具	零星材料费	钢轮内燃压路机 12t	电动夯实机 250N·m	汽车式起重机 8t	载重汽车 6t	机动翻斗车 1t	钢筋调直机 14mm	钢筋切断机 40mm	钢筋弯曲机 40mm	木工圆锯机 500mm	交流弧焊机 32kV·A	对焊机 75kV·A
			元	元	元	元	工日	m^3	t	t	m^3	kg	m^3	m^3	kg	m^3	kg	元	台班	台班	台班	台班	台班	台班	台班	台班	台班	台班	台班
							103.63	330.00	3222.00	3316.00	58.00	3.70	1432.90	896.00	3.49	6.03	4.23		532.25	28.93	709.09	456.26	184.00	38.56	46.34	27.63	29.17	98.59	126.49
1001	塔式起重机固定式基础（带配重）	座	**5879.06**	1608.34	4196.18	74.54	15.52	7.93	0.396			7.02	0.106			6.37	2.61	76.06		0.108	0.008	0.029	0.215	0.105	0.050	0.140	0.093		
1002	塔式起重机轨道式基础（双轨）	m	**238.36**	155.45	77.59	5.32	1.50				0.24			0.056	3.44			1.49	0.01										
1003	施工电梯固定式基础	座	**5793.31**	1474.65	4231.55	87.11	14.23	8.00		0.387		7.12	0.108			6.51	2.65	76.70		0.110	0.008	0.029	0.218	0.064	0.026	0.075	0.094	0.123	0.034

2. 安拆费

编号	项目		台次单价	费用组成			工料机用量									
				人工费	材料费	机械费	人工	带帽螺栓	镀锌铁丝	零星材料费	试车台班	汽车式起重机8t	汽车式起重机16t	汽车式起重机20t	汽车式起重机25t	汽车式起重机40t
			元	元	元	元	工日	套	kg	元	台班	台班	台班	台班	台班	台班
							103.63	0.25	7.72			709.09	917.21	992.89	1050.27	1503.57
2001	自升式塔式起重机		**25807.20**	12435.60	402.00	12969.60	120.00	64	50.00		0.50×974.59			5.00		5.00
2002	柴油打桩机		**8868.85**	4145.20	51.10	4672.55	40.00	50	5.00		0.50×1118.99	3.00		2.00		
2003	静力压桩机	900kN 以内	**5766.61**	2487.12	19.16	3260.33	24.00			19.16	0.50×1130.91	1.00		2.00		
2004		1200kN 以内	**8142.44**	3730.68	25.59	4386.17	36.00			25.59	0.50×1396.81	1.00		3.00		
2005		1600kN 以内	**10598.07**	4974.24	32.12	5591.71	48.00			32.12	0.50×1822.12	1.00		4.00		
2006		4000kN 以内	**12426.75**	5181.50	35.11	7210.14	50.00			35.11	0.50×3640.79	2.00		4.00		
2007		10000kN 以内	**13859.10**	5388.76	35.89	8434.45	52.00			35.89	0.50×4103.64	2.00		5.00		
2008	架桥机	160t 以内	**7909.15**	3730.68		4178.47	36.00				0.50×981.42	1.00		3.00		
2009	施工电梯	75m 以内	**9932.60**	5596.02	67.76	4268.82	54.00	24	8.00		0.50×282.74		4.50			
2010		100m 以内	**12266.21**	7461.36	67.76	4737.09	72.00	24	8.00		0.50×302.08		5.00			
2011		200m 以内	**15199.21**	9326.70	84.20	5788.31	90.00	28	10.00		0.50×570.10		6.00			
2012		300m 以内	**16221.52**	9326.70	100.64	6794.18	90.00	32	12.00		0.50×747.41		7.00			
2013	混凝土搅拌站		**14313.27**	9326.70		4986.57	90.00				0.50×2030.02			4.00		
2014	三轴搅拌桩机		**9917.42**	4145.20	166.90	5605.32	40.00	50	20.00		0.50×707.94				5.00	

3. 场外运费

编号	项目		台次单价	费用组成				工料机用量												
				人工费	材料费	机械费	回程费	人工	枕木	镀锌铁丝	橡胶板	草袋	本机使用台班	汽车式起重机20t	载重汽车4t	载重汽车8t	载重汽车15t	平板拖车组40t	平板拖车组60t	回程
			元	元	元	元	元	工日	m^3	kg	m^2	m^2	台班	台班	台班	台班	台班	台班	台班	%
								103.63	896.00	7.72	18.50	1.65		992.89	351.20	518.29	827.57	1412.90	1588.72	
3001	履带式挖掘机	$1m^3$ 以内	**4205.53**	1243.56	120.81	2000.05	841.11	12.00	0.08	5.00		6.38	0.50×1174.29					1.00		25.00
3002		$1m^3$ 以外	**4707.29**	1243.56	164.69	2357.58	941.46	12.00	0.08	10.00		9.58	0.50×1537.71						1.00	25.00
3003	履带式推土机	90kW 以内	**3324.75**	621.78	135.24	1902.78	664.95	6.00	0.08	5.00	0.78	6.38	0.50×979.75					1.00		25.00
3004		90kW 以外	**4141.86**	621.78	135.24	2556.47	828.37	6.00	0.08	5.00	0.78	6.38	0.50×1935.50						1.00	25.00
3005	履带式起重机	30t 以内	**5315.05**	1243.56	131.33	2877.15	1063.01	12.00	0.08	5.00		12.76	0.50×921.72				1.00		1.00	25.00
3006		50t 以内	**6656.49**	1243.56	131.33	3950.30	1331.30	12.00	0.08	5.00		12.76	0.50×1412.87				2.00		1.00	25.00
3007	强夯机械		**8791.64**	621.78	131.33	5526.63	2511.90	6.00	0.08	5.00		12.76	0.50×1174.96	1.00	2.00		2.00		1.00	40.00
3008	柴油打桩机	5t 以内	**10351.05**	1243.56	59.65	6090.40	2957.44	12.00		5.00		12.76		2.00		2.00	2.00	1.00		40.00
3009		5t 以外	**11741.10**	1243.56	59.65	7083.29	3354.60	12.00		5.00		12.76		3.00		2.00	2.00	1.00		40.00
3010	压路机		**2868.54**	518.15	97.65	1679.03	573.71	5.00	0.08	2.00		6.38	0.50×532.25					1.00		25.00
3011	锚杆钻孔机		**11013.67**	1243.56	59.65	6563.70	3146.76	12.00		5.00		12.76	0.50×1983.17	2.00		1.00	2.00	1.00		40.00
3012	沥青混凝土摊铺机		**4737.25**	829.04	131.33	2829.43	947.45	8.00	0.08	5.00		12.76	0.50×2833.05					1.00		25.00
3013	静力压桩机	900kN 以内	**16094.68**	2487.12	59.65	8949.43	4598.48	24.00		5.00		12.76		2.00			5.00	2.00		40.00

续表

编号	项目		台次单价	费用组成				工料机用量														
				人工费	材料费	机械费	回程费	人工	枕木	镀锌铁丝	草袋	本机使用台班	汽车式起重机 8t	汽车式起重机 20t	汽车式起重机 25t	载重汽车 8t	载重汽车 10t	载重汽车 15t	平板拖车组 30t	平板拖车组 40t	平板拖车组 60t	回程
			元	元	元	元	元	工日	m^3	kg	m^2	台班	台班	台班	台班	台班	台班	台班	台班	台班	台班	%
								103.63	896.00	7.72	1.65		709.09	992.89	1050.27	518.29	572.41	827.57	1204.47	1412.90	1588.72	
3014	静力压桩机	1200kN 以内	**18411.88**	2487.12	59.65	10604.57	5260.54	24.00		5.00	12.76			2.00				7.00		2.00		40.00
3015		1600kN 以内	**23860.10**	3730.68	59.65	13252.60	6817.17	36.00		5.00	12.76			3.00				9.00		2.00		40.00
3016		4000kN 以内	**27335.90**	3730.68	59.65	15735.31	7810.26	36.00		5.00	12.76			3.00				12.00		2.00		40.00
3017		10000kN 以内	**37655.59**	3730.68	59.65	23106.52	10758.74	36.00		5.00	12.76			4.00				18.00		3.00		40.00
3018	履带式旋挖钻机		**6951.09**	1243.56	131.33	4185.98	1390.22	12.00	0.080	5.00	12.76	0.50×3539.37						1.00			1.00	25.00
3019	自升式塔式起重机		**26315.94**	4145.20	121.55	17663.20	4385.99	40.00	0.006	10.00	23.62		4.00	6.00		8.00		4.00		1.00		20.00
3020	架桥机	160t 以内	**13720.83**	3108.90	59.65	6632.04	3920.24	30.00		5.00	12.76			3.00				1.00		2.00		40.00
3021	施工电梯	75m 以内	**10123.33**	1036.30	67.74	6683.14	2336.15	10.00		7.00	8.30		3.00			4.00		3.00				30.00
3022		100m 以内	**12360.35**	1450.82	87.38	7969.76	2852.39	14.00		9.00	10.85		3.50			5.00		3.50				30.00
3023		200m 以内	**16885.01**	2072.60	122.83	10793.04	3896.54	20.00		12.50	15.96		5.00			6.00		5.00				30.00
3024		300m 以内	**19872.91**	2279.86	159.00	12847.99	4586.06	22.00		16.00	21.50		6.00			7.00		6.00				30.00
3025	混凝土搅拌站		**10389.41**	2694.38	49.13	4677.50	2968.40	26.00		5.00	6.38			2.00		2.00		2.00				40.00
3026	三轴搅拌桩机		**7765.93**	1036.30	59.65	5116.79	1553.19	10.00		5.00	12.76				1.00		5.00		1.00			25.00
3027	履带式抓斗成槽机		**5488.28**	1243.56	131.33	3015.73	1097.66	12.00	0.080	5.00	12.76	0.50×3622.51							1.00			25.00

主 编 单 位: 住房和城乡建设部标准定额研究所

专业主编单位: 天津市建设工程造价管理总站

铁路工程定额所

参 编 单 位: 上海市建筑建材业市场管理总站

专 家 组: 胡传海 谢洪学 王美林 张丽萍 刘 智 徐成高 蒋玉翠 汪亚峰 吴佐民 洪金平 杨树海 王中和 薛长立

综 合 协 调 组: 王海宏 胡晓丽 汪亚峰 吴佐民 洪金平 陈友林 王中和 薛长立 王振尧 蒋玉翠 张勇胜 张德清 白洁如 李艳海

刘大同 赵 彬

编 制 人 员: 杨树海 高 迎 王中和 宁培雄 邢玉军 翟永斌 刘永俊 许宝林 于会逢 陈国立 潘卓强 汪松贵 钱承浩

审 查 专 家: 谢洪学 洪金平 汪正国 李鸿兴 张丽萍 刘 智 徐成高 汪亚峰 邓立俊

软件操作人员: 张绪明 施有定 于 堃 张 桐